普通高等教育"十四五"应用型本科系列教材

数据库应用实战与课程设计教程
——基于Visual FoxPro 9.0

主　编　张正新
副主编　张　震　于君刚

U0282217

西安交通大学出版社
XI'AN JIAOTONG UNIVERSITY PRESS

国 家 一 级 出 版 社
全国百佳图书出版单位

图书在版编目(CIP)数据

数据库应用实战与课程设计教程：基于 Visual FoxPro 9.0 /
张正新主编. — 西安：西安交通大学出版社，2021.9
ISBN 978 - 7 - 5693 - 2274 - 3

Ⅰ.①数… Ⅱ.①张… Ⅲ.①关系数据库系统-高等学校-
教材 Ⅳ.①TP311.132.3

中国版本图书馆 CIP 数据核字(2021)第 183756 号

书　　名	数据库应用实战与课程设计教程——基于 Visual FoxPro 9.0
	SHUJUKU YINGYONG SHIZHAN YU KECHENG SHEJI
	JIAOCHENG——JIYU Visual FoxPro 9.0
主　　编	张正新
责任编辑	李逢国
责任校对	郭　剑
封面设计	任加盟
出版发行	西安交通大学出版社
	(西安市兴庆南路 1 号　邮政编码 710048)
网　　址	http://www.xjtupress.com
电　　话	(029)82668357　82667874(市场营销中心)
	(029)82668315(总编办)
传　　真	(029)82668280
印　　刷	西安日报社印务中心
开　　本	787mm×1092mm　1/16　印张　15.625　字数　391 千字
版次印次	2021 年 9 月第 1 版　　2021 年 9 月第 1 次印刷
书　　号	ISBN 978 - 7 - 5693 - 2274 - 3
定　　价	49.80 元

发现印装质量问题，请与本社市场营销中心联系、调换。
订购热线：(029)82665248　(029)82665249
投稿热线：(029)82664840
读者信箱：xj_rwjg@126.com

前　言

当前,我们已经进入了人工智能时代,信息技术高速发展,其核心技术是数据采集、处理与管理。数据库技术的应用已经深入到了各个领域,作为身处"数据为王"时代的大学生,无论是计算机专业的学生还是非计算机专业的学生,都有必要学习和掌握数据库知识。"数据库应用基础教程"是高等院校经济管理类专业本科生开设的一门基础必修课,它不仅为计量经济学、统计学、电子商务、管理信息系统等专业基础课提供了数据库技术的理论知识和数据处理的基本技能支持,同时,数据库应用的实战实验教学还可以提升大学生参与创新创业和"互联网+"等科技活动的创新能力。

高等院校经济管理类专业本科生开设的"数据库应用基础教程"常常以数据库管理系统Visual FoxPro 为授课平台,Visual FoxPro 作为一个关系数据库管理系统,既包含了强大的数据库管理技术,又具有结构化程序设计和面向对象程序设计技术,提供了可视化的编程系统和大量的、标准的表单控件,是一种非常适合经济管理类专业学生学习数据库技术的计算机高级语言。该课程极其注重实践教学,通过上机实战实验操作,强化学生对理论知识的学习理解,培养学生数据库技术应用与创新能力。

Visual FoxPro 有多个版本,但由于多种原因,即使到了 Visual FoxPro 9.0,该数据库管理系统仍然存在一些不足。更让人遗憾的是,现在许多 Visual FoxPro 实验指导书往往使用大量的篇幅讲解陈旧过时的 FoxPro 命令和函数,多数缺乏实际开发软件的案例,创新不足,鲜有把 Visual FoxPro 9.0 功能更强大、实用的新命令函数用于教材编程实例中。这样就给学生造成了一种误解:学习 Visual FoxPro 无用,因为它不能快速方便地编写出有效的数据库应用程序。最终导致学生对学习数据库技术失去兴趣,教学效果常常达不到课程设置的要求。

多年长期的教学经验使我们更加注重数据库应用基础课程的实践教学,我们不但强化了该课程的实验教学,而且也将数据库应用基础课程与当今创新创业和"互联网+"等科技活动紧密结合。我们还针对本课程开设了课程设计课,更加深入、系统地加强学生对数据库技术的理解与掌握。正是基于以上认识,我们将多年积累的非正式出版的 Visual FoxPro 9.0 实战实验指导书和课程设计指导书整理成册正式出版,期望能给更多学习 Visual FoxPro 的读者提供有效的帮助。

在本书的编写过程中,我们从教学实践和学生实际需要出发,力求实用和适用。本教材具有以下特点。

(1)实战实验教学针对性强。本书是针对普通高等学校经济管理类专业有关数据库教学而编写的。从大学实验教学的严格要求和学生实际需要出发,以实战实验项目为章节,任务明确,数据个性化鲜明,操作要求严格,对最终要撰写的实验报告有具体的说明。这既可以系统性地完成教学任务、培养学生的实践能力,也可以较严格地检验和考查学生的实验操作水平,形成合理的实验成绩评价结果。

本教材实战实验大项目不多,但大的实战实验项目下有许多子项目,其意在通过一个大的实战实验项目完成一个设计型或综合性实验,培养学生系统逻辑思维意识和项目设计能力。

对每个实战实验项目的任务都有明确的要求,对参与实战实验的学生来讲,虽然实战实验项目名称是一样的,但对每个参与实战实验的学生有不同的数据要求,对实战实验目录名、文件名、数据库名、数据记录、数据的输入输出等都做了个性化要求,使得每个人的操作结果和效果有所不同。这既是为了突出"实战实验"性,也是为了防止学生复制粘贴别人的操作结果,具有反作弊的作用,体现了实验成绩考核评定的客观真实性。

(2)实战实验内容系统性强。为了让学习者全面系统性地了解、深入地体会和掌握 Visual FoxPro 数据库应用技术,本教材分上、下两篇。

上篇为 Visual FoxPro 数据库应用实战实验操作,以 Visual FoxPro 9.0 为数据库管理系统平台开设八个实战实验项目,从数据库简单的概念到具体数据库的应用,由浅入深,循序渐进,让学生初步掌握数据库应用技术。书中的实战实验项目前后衔接,前期的操作内容和结果是后期实战实验的基础,后期的实战实验是前期实战实验的升华,内容紧密联系,系统性强。另一方面,我们通过对许多编程实例功能需求分析、实验要求说明、流程图算法展示和具体代码编写等实验过程的讲解和操作,使学生切实感受到数据库应用技术是一个需要全面考虑、系统策划、逐步实现的系统化工程。

教材的下篇是 Visual FoxPro 课程设计。模仿系统开发的基本流程,通过系统需求分析、数据库设计、应用程序设计、系统集成调试和编写设计书五个阶段的实践完成小型数据库应用软件的开发。

(3)语言通俗易懂,实验指导性强。本教材从易到难、从简单到复杂、循序渐进、语言通俗易懂。我们对实战实验操作步骤和方法进行了详细的说明,使没有学过 Visual FoxPro 理论的初学者也可以通过学习本教材顺利地完成实战实验操作。对实战实验中的命令函数(尤其是新命令函数)或程序模块功能几乎都不厌其烦地做了较为详细的解释,以此来帮助学生理解掌握实战实验中的命令函数和程序设计,因而本书具有很强的针对性和指导性。

(4)实例有趣,图文并茂。为了调动学生的学习兴趣、激发学生的实验积极性,我们尽力做到使实战实验项目中的例子丰富实用、新鲜有趣。首先尽量使用功能强大、效果良好的命令函数,使实战实验呈现出别样的效果。FoxPro 中有许多 FoxBASE 命令和函数,一般理论和实验教材仍大量讲解此类命令和函数,但它们在 Windows 系统中效果并不理想,在现实软件开发中极少使用。本教材使用了一些一般教材里不常讲解但功能强大、效果良好的 Visual Fox-Pro 命令函数进行实战实验操作,例如被隐藏了扩展功能的一些命令或函数的使用、屏幕窗口的控制以及高效的系统变量的使用,这样使得实验的趣味性极高,开阔了学生的视野,起到了事半功倍的教学效果。课程设计项目中有多个编程实例,选择当今生活中有趣的动画或游戏,一方面是为了贴近生活,调动学生的实验积极性,另一方面是为了让学生更加深入地理解和掌握命令函数的灵活应用方法,培养学生的创新意识和能力。

(5)操作技巧提示与设计说明达到了事半功倍的效果。本教材在第一部分不定时地用花边文本框文字提醒实验操作技巧,既是为了提高实战实验操作的效率,也是为了培养学生灵活分析和处理数据的能力。在第二部分,每一个课程设计项目都有功能要求、数据库设计要求、设计思路和编程技巧提示说明,大多数课程设计项目都有关键代码展示。通过这一系列的说明,可使实践教学达到事半功倍的效果。

(6)强化了网络编程。当今世界,网络技术已经普遍使用,Visual FoxPro 语言也支持网络开发。但现有的 Visual FoxPro 教材几乎没有系统地介绍 Visual FoxPro 网络开发技术,对此本教材除了在面向对象编程实战实验项目中有一个简单浏览器的设计，还专门在实践实验项目七详细展示了 Visual FoxPro 的网络开发过程。我们通过对一个界面较为美观合理、功能较为健全的聊天软件的开发，使学生能较全面地了解、理解和掌握 Visual FoxPro 网络软件开发的原理、方法和主要过程。

（7）强化了 Visual FoxPro 与 Excel 交互式操作编程。电子表格 Excel 是人们最常使用的数据处理应用软件，它是一种可视化程度极高的数据库应用程序。现在各种平台开发的软件几乎都有数据导入或导出为 Excel 文件的需求。虽然 Visual FoxPro 提供了通过菜单可以导入或导出 Excel 文件，但对 Excel 格式有比较严格的要求（扩展名是. xls 格式），并且直接导入 Excel 后生成的 DBF 表其字段名往往不合用户的要求，需要二次修改。对此，本教材实战实验项目八内容为"Visual FoxPro 与 Excel 数据交互处理"，通过此项目的实例操作不仅可以将任何格式的 Excel 表格转换为 Visual FoxPro 数据表，而且保证转换后的字段名完全符合用户的期望。更重要的是本项目实例可实现将 DBF 数据表中的数据自动填写到特殊格式（例如行或列合并）的 Excel 表中，并按姓名自动生成相应数量的多张特殊格式的 Excel 电子表格。

本教材对 Visual FoxPro 报表和标签不做实战实验安排，一方面是为了压缩教材篇幅，更主要是因为 Visual FoxPro 的报表和标签的功能在现实软件开发中使用较少，对此希望大家理解。

本教材实验内容丰富新颖，实战实验项目贴近生活，时代创新性强，软件开发实战性强，且通俗易懂，实战实验操作具体和程序代码解释详细，既适用于学习数据处理课程的本科生和专科生使用，也适用于成人教育、高职高专计算机及相关专业教学使用。

陕西理工大学　张正新

2021 年 7 月

目　录

下篇　Visual FoxPro 课程设计

上篇

Visual FoxPro 实战实验

第一部分 实战实验概述

一、实战实验的地位和作用

高等院校经济管理类专业本科生开设的"数据库原理及应用"课程是一门基础必修课。该课程多采用 Visual FoxPro 可视化数据库管理系统,使学生学习并理解计算机编程语言中的数据原理、数据定义、数据采集和数据处理的理论知识,同时培养学生运用计算机编程技术解决工作和生活中遇到实际问题的数据处理能力。

Visual FoxPro 实验是该课程实践性环节之一,是数据库原理及应用教学过程必不可少的重要内容。虽然不少 Visual FoxPro 理论教材在每个章节后有上机要求,但都是简单命令和函数的验证,不具有系统性和软件开发的实战性,所以开设具有实战性更强的实战实验教学,能使学生更深入、更系统性地理解数据库的基本概念和实际操作,掌握高级语言面向过程和面向对象的编程技术,学习并掌握使用计算机数据库编程语言开发微小型数据处理系统的方法,为"计量经济学""统计学""电子商务"等专业基础课提供良好的数据理论基础和数据处理基本技能。

二、实验开设对象

本实战实验课开设对象是高等院校经济管理类本科生,或者数据库应用基础课程的学习者。

三、对指导教师的要求

在每次实战实验前指导教师应讲清实验目的、原理、要求等,并指导学生在规定的时间内完成相关实战实验内容,及时检查学生的实战实验结果,对学生的操作做出合理的评价记录。

四、实战实验设备配置

每人配置 1 台电脑,并可访问互联网。

五、教学课时

实战实验教学课时总计为 40 课时,在实际教学中可适当调整课时。

六、实战实验时数安排

实战实验时数安排具体如表 1 - 1 - 1 所示。

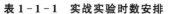

表 1-1-1 实战实验时数安排

实战实验项目	项目名称	类型	要求	课时
实战实验一	常量变量函数及表达式的基本操作	验证型	必做	4
实战实验二	数据库和表的操作	设计型	必做	4
实战实验三	SQL 语言的使应用	验证型	必做	2
实战实验四	结构化程序设计	设计型	必做	4
实战实验五	面向对象程序设计	设计型	选做	4
实战实验六	表单设计	设计型	必做	4
实战实验七	Visual FoxPro 网络聊天软件设计	设计型	选做	6
实战实验八	Visual FoxPro 与 Excel 数据交互处理	设计型	选做	4
实战实验九	系统软件开发	综合型	必做	8

第二部分　实战实验项目

项目一　常量变量函数及表达式的基本操作

【实验类型】验证型。

【实验学时】4 课时。

【实验目的】

1. 熟悉 Visual FoxPro 数据环境，掌握 Visual FoxPro 的安装、启动、使用和退出。

2. 学会建立实验文件夹和实验文件的方法，学会修改默认目录和操作界面的设置。

3. 学习并理解、掌握常用的、实用性强的 Visual FoxPro 命令、函数，为以后的实验打好基础。

【实验准备】

1. 复习 Visual FoxPro 的用户界面、操作方式、命令和函数的格式。

2. 认真学习 Visual FoxPro 的数据类型、数据运算符及运算规则。

3. 在本次实验文件夹下需要一张图片文件"背景 1. jpg"。

4. 提前预习本次实验内容，准备好数据保存的 U 盘等实验工具。

一、建立实验文件夹

学生必须在 D 盘建立一个文件夹，文件夹的名字为"×××班×××实验一"，文件夹中的×××代表学生的班级和学生的姓名，如国际贸易 1901 班李华实验一。并且从网上或其他地方下载一个纹理或风景类的图片保存到该文件夹下，图片文件名为"背景 1. jpg"，本次实验要将此图片作为窗口背景。

打开 D 盘本次实验文件夹，再在学生本人的文件夹下新建一个 DOCX 文件，文件名名为"×××班×××实验一"，文件名中的×××代表学生的班级和学生的姓名。然后打开"×××班×××实验一"Word 文件。

二、Visual FoxPro 9. 0 系统的安装（选做）

说明：实验时学生不需要安装该系统，有兴趣的学生可参考以下步骤完成安装。

1. 打开安装程序

将 Visual FoxPro 9. 0 安装光盘插入光驱，打开光盘（如果 Visual FoxPro 9. 0 安装软件已经复制到硬盘，那么就打开 Visual FoxPro 9. 0 安装软件所在的磁盘目录），双击安装执行程序 Setup. exe，这样就打开了"Microsoft Visual FoxPro Setup"的安装主窗口。窗口菜单为英文，显示安装过程有三大步，只有菜单选项变为深色时才可以进行该步的操作。

2. 第一步是安装"Prerequisites"（先决条件）

这是安装"Visual FoxPro 9.0"的基础软件，也是安装该系统的前提条件。单击该选项后弹出新的对话框，选择"I accept the agreement"（我接受此协议），然后单击"Continue"（继续），再次弹出一个对话框，单击"Install Now"（现在安装），完成基础软件的安装后单击"Done"（完成）返回主窗口。

3. 第二步是安装"Visual FoxPro"

单击该选项后弹出新的对话框为版权声明，选择"I accept the agreement"（我接受此协议），并且在"Product Key:"（产品密钥）下一行输入合法的产品密钥，然后单击"Continue"（继续），接着弹出的对话框显示要安装"Visual FoxPro 9.0"的版本名称、例子、工具和共享等内容，选择好安装的磁盘和文件夹，然后单击"Install Now"（现在安装），由于"Visual FoxPro 9.0"比较大，需耐心等待，最后单击"Done"（完成）返回主窗口。

4. 第三步是"Service Releases"（服务发布）

实际上是登录微软专业网站下载新的服务帮助等，现在不需要进行这一步操作，直接单击"Exit"（退出）完成"Visual FoxPro 9.0"的安装。

5. "Visual FoxPro 9.0"的汉化

微软发布的"Visual FoxPro 9.0"为英文版，为了方便使用需要汉化。汉化后的"Visual FoxPro 9.0"菜单为中文，并且会在桌面添加中文版快捷方式。

三、Visual FoxPro 9.0 系统的基本操作

本实验要求学生主要熟悉 Visual FoxPro 的窗口界面与系统菜单，学会 Visual FoxPro 的启动和退出，掌握 Visual FoxPro 的基本操作。

1. 启动 Visual FoxPro 9.0 系统

方法1：如果桌面有 Visual FoxPro 9.0 快捷方式，可双击桌面上建立的 Visual FoxPro 9.0 的快捷方式图标。

方法2：Visual FoxPro 9.0 的启动可单击"开始"→"程序"→"Microsoft Visual FoxPro 9.0"。

方法3：对于未安装的 Visual FoxPro 9.0 可直接单击 Visual FoxPro 9.0 安装盘目录下的"VFP98"，双击"VFP6.EXE"。

注意：首次启动 Visual FoxPro 会弹出欢迎界面，可以选择"以后不再出现"，永久性地关闭欢迎窗口，也可以直接关闭欢迎窗口（但今后启动时还会弹出欢迎窗口）。

2. 退出 Visual FoxPro 9.0

方法1：由于 Visual FoxPro 9.0 是一个标准的 Windows 窗口，若要退出该系统，可在完成了所有操作保存数据文件之后，单击窗口右上角的关闭按钮正常退出系统。

方法2：在 Visual FoxPro 9.0 命令窗口输入命令"QUIT"并回车退出系统。

方法3：在 Visual FoxPro 9.0"文件"菜单下选择"退出"选项。

方法4：单击 Visual FoxPro 9.0 主窗口左上角控制菜单中的"关闭"选项。

方法5：同时按"Alt＋F4"键。

方法6：在程序设计或表单设计中，往往因为程序或表单设计出错，无法正常退出系统，导

致无法正常使用 Visual FoxPro 9.0,可在桌面下边的"任务栏"上单击右键然后选择"任务管理器",然后在任务管理器窗口中选择 Visual FoxPro 9.0 或 Visual FoxPro 9.0 的设计程序,单击任务管理器窗口右下角的"结束任务"强行退出 Visual FoxPro 9.0 系统。

四、Visual FoxPro 9.0 环境设置及命令函数使用

1. Visual FoxPro 界面简介

Visual FoxPro 启动后的默认界面如图 2-1-1、2-1-2 所示,图 2-1-1 是 6.0 版的界面,图 2-1-2 是 9.0 版的界面,两个版本的界面基本一样,但 9.0 版的各子窗口和内部命令函数有很大的变化,9.0 版会根据前导关键字自动提示后续关键字,且在命令框能保存使用过的命令函数。建议本次实验采用 Visual FoxPro 9.0 版。

在 Visual FoxPro 的界面可以单击菜单"显示"下的"工具栏…"按钮,在弹出的"工具栏"对话框中单击右侧的复选框添加或删除各工具框,直接单击操作界面中工具框右上角的关闭按钮可删除窗口中的工具框。

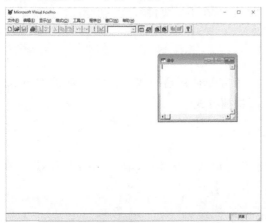

图 2-1-1

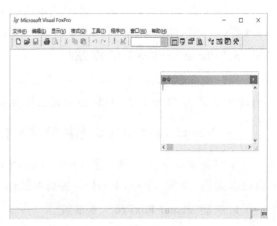

图 2-1-2

Visual FoxPro 的界面可以单击菜单"显示"下的"工具栏…"按钮,在弹出的"工具栏"对话框中单击右侧的复选框添加或删除各工具框,直接单击操作界面中工具框右上角的关闭按钮可删除窗口中的工具框,如图 2-1-3、2-1-4 所示。

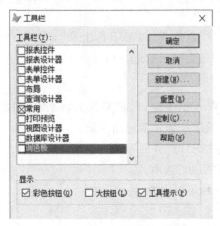

图 2-1-3

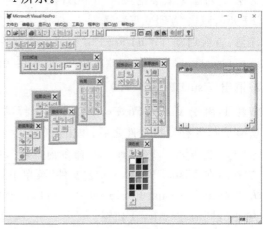

图 2-1-4

2. 设置默认目录

为了系统性组织项目文件和数据,我们需要建立一个属于自己的工作文件夹(也就是目录),并将这个文件夹设置为 Visual FoxPro 默认的工作文件目录。具体操作方法为:单击系统菜单"格式"设置命令窗口、程序编辑窗口等其他编辑窗口的字体等显示格式,单击"工具"菜单的"选项"菜单项,打开"选项"对话框,然后对各个选项卡进行设置,最后单击"确定"。

学生上机实验时可以修改默认目录,方法步骤是:首先通过单击"工具"菜单的"选项"菜单项,单击"文件位置"→"默认目录"→"修改"→"使用(U)默认目录"→"…",选择自己的文件夹所在驱动器(磁盘)和文件夹名,单击"选定"→"确定"→"设置为默认"→"确定"。以后面的每次实验课都要如此做这个修改。

这样设置的默认目录是永久性的,但可以重新修改默认目录。

3. 设置运行环境的命令与函数

本次实验主要在 Visual FoxPro 的命令窗口进行。Visual FoxPro 的命令窗口能调整其大小和位置。如果命令窗口被关闭,可单击菜单"窗口"→"命令窗口"或按键"Ctrl+F2"调出命令窗口。

注意:输入命令时所有运算符均应在英文状态下输入。

要求:将下列命令的结果记录在指导书相应命令,以便于编写实验报告。

(1)设置默认目录命令。

SET　DEFAULT　TO　D:\国贸×××班×××实验一

&& 上一条用命令用于修改默认目录,子句"TO"后面的是学生本次实验的文件路径,其中×××为学生的班级和姓名

(2)显示默认文件夹函数。

?　CURDIR()

&& 屏幕上显示当前默认文件夹名,但没有显示磁盘名

(3)显示当前磁盘盘符函数。

? SYS(5)　&& 屏幕上显示当前默认磁盘名

(4)显示默认目录函数及命令。

? SYS(5)+CURDIR()　&& 屏幕上显示当前默认路径→即默认盘符+文件夹名

(5)显示当前日期函数。

? DATE() AT 10　&& 在第 10 列显示当前日期

(6)设置日期显示为 4 位千位数命令。

SET　CENTURY　ON　&& 允许日期显示 4 位千年数

(7)显示当前日期命令。

　?DATE() AT 10　&& 在第 10 列显示当前日期

(8)设置格式位年月日格式命令。

SET　DATE　TO YMD　&& 设置日期为中文顺序形式

?　DATE()　&& 显示当前日期。

SET DATE TO ANSI　&& 日期格式为"年.月.日"

> **技巧提示:**
>
> 1. "&&"符号后的文字是解释语句,学生实验时不需要输入。
>
> 2. 在命令窗口输入完命令后应回车运行命令;如果在命令窗口要运行上一条命令可用向上或向下键移动到该命令行后直接回车。

> **技巧提示:**
>
> 选择命令窗口的多条已输入的命令回车可一次性运行这些命令。

? DATE() && 显示当前日期

(9)设置当前日期年月日之间的分隔符命令(必须是英文单字符)。

SET MARK TO '—' && 设置日期数据间隔符为"—"号,注意用英文引号

? DATE() && 显示当前日期

(10)设置屏幕前景色和背景色命令

SET COLOR TO 4/2 && 设置屏幕前景色为4(红色),背景色为2(绿色)

注意:前景色就是字色和画线画图色,背景色就是底色,取值0~16,可在数值前增加"+"或"*","+"表示颜色增强,"*"表示闪烁色,颜色更亮丽。例如:

SET COLOR TO +4/*2

CLEAR && 用底色清除屏幕上所有已经显示的文字图形

该命令实验要求:学生反复修改前景色和背景色数值,对比观察不同数值表示的颜色,然后填写表2-1-2。

表 2-1-2

数值	0	1	2	3	4	5	6	7	8	9	10	11	12	13	14	15
颜色																
数值	+1	+2	+3	+4	+5	+6	+7	+8	+9	+10	+11	+12	+13	+14	+15	
颜色																

保存当前实验结果:单击 Visual FoxPro 窗口标题栏,按一下"PrintScreen"键抓取当前屏幕,然后打开自己的"×××班×××实验一"Word 文件,按"Ctrl+V"键粘贴屏幕图像,保存 Word 文件后返回 Visual FoxPro。

(11)用前景色画方框线条命令。

格式:@行号1,列号1 TO 行号2,列号2。行号1、列号1是方框的左上角坐标(),行号2、列号2是方框的终点右下角坐标,坐标单位是字符,不是像素。例如:

@5,5 TO 25,100 && 画一个矩形框,左上角坐标5,5,右下角坐标25,100

(12)以像素为坐标单位画框命令。

格式:@行号1,列号1,行号2,列号2 BOX。此命令的坐标单位是像素,不是字符。例如:

@10,13 ,14,85 BOX

(13)局部清屏命令。

格式:@行号1,列号1 CLEA TO 行号2,列号2。此命令的坐标单位是像素,使用底色清除屏幕局部显示内容,例如:

> 技巧提示:
>
> 　　画框命令也可以用于画线条,左右坐标行号一样就是画横线,左右坐标列号一样就是画竖线。

SET COLOR TO +4/*13 && 设置底色为天蓝色(+13)

@9,18 CLEA TO 31,60 && 以天蓝色为底色局部清屏

保存当前实验结果:选定 Visual FoxPro 窗口为当前窗口,按一下"PrintScreen"键抓取当前屏幕,将屏幕截图粘贴到自己的"×××班×××实验一"Word 文件中并存盘。

(14)清屏命令。

CLEAR && 用底色清除屏幕上所有已经显示的文字图形

4. 显示命令与函数

(1)无格式显示命令。

? DATE() && 在上一次显示行后换行显示当前日期

?? DATE() && 在上一次显示行后不换行显示当前日期

? DATE() AT 20 && 在上一次显示行后换行后的第 20 列显示当前日期,AT 是"在"的意思,AT 后的数值 20 指定显示的起始字符列数

(2)格式显示命令 SAY。

格式显示命令的命令格式为:@Y,X SAY "要显示的字符" FONT "字体名",字号 COLOR 字色/底色。SAY 命令只能显示字符型数据。非字符数据必须转换为字符型才可以用 SAY 显示命令,例如:

@15,50 SAY "你好!" FONT "隶书",20 COLOR 1/＊14

&& 在第 15 行第 50 列显示你好! 字体隶书,20 字,前景字色蓝色,背景底色为亮丽紫色。学生实验应改变显示的文字、颜色和位置

@10,50 SAY DTOC(DATE()) && 在第 10 行第 50 列显示日期,日期型要转换为字符型

以下三个命令要求学生至少修改三次显示的文字和行列位置。

SET DATE TO ANSI && 日期格式为"年.月.日"

@10,50 SAY "×××班×××您好!" && 学生修改显示位置和内容

@18,50 SAY "今天是:"＋DTOC(DATE())＋"日" FONT "楷书",20

&& 学生修改显示位置和字号

@6,20 SAY "×××的成绩是:"＋STR(687.5,5,1) FONT "隶书",30 COLO ＋4

&&STR()函数将数值型转换为字符型,687.5 是成绩,第一个逗号后的 5 是数据长度,第二个逗号后的 1 是小数保留位数

要求:学生实验时要将"×××"改成自己的姓名,要修改显示位置,使其居屏幕中间。

保存当前实验结果截图到自己的"×××班×××实验一"Word 文件中,方法同前面的方法一样。

5. 用系统变量设置和修改运行显示结果格式

使用 SAY 命令可以临时改变字体字号和字色,如果要永久改变 Visual FoxPro 屏幕显示结果的字体、字号、字色,可使用 Visual FoxPro 的系统变量进行设置。

Visual FoxPro 中已定义了许多系统变量,这些系统变量都以英文下划线"_"开头标注(方法是英文输入法状态,按住"Shift＋—"键),功能十分强大,用户无须定义可直接调用、赋值、传数据。

(1)使用系统变量定义主窗口中显示文字的字体、字号。

_SCREEN.FONTNAME＝"隶书"

&& 主窗口字体为隶书,学生可改变字体

_SCREEN.FONTSIZE＝26

&& 主窗口字号大小为 26,学生可改变字号

? DATE() AT 40

&& 注意此时屏幕显示的日期字体字号

> **技巧提示:**
>
> 在 Visual FoxPr 9.0 中输入命令或函数时,系统会提示命令函数,可选择快速输入。

（2）系统函数设置前景色（会清屏不换行）。

系统函数设置颜色支持万彩色，颜色由红绿蓝 RGB 三原色组成，每种原色取值在 0～255。

```
_SCREEN.FORECOLOR＝RGB(255,0,0)    && 设置前景色为红色
?    DATE() AT 40                  && 注意此时屏幕显示的日期的字色
```

（3）系统函数设置背景色（会清屏不换行）。

```
_SCREEN.BACKCOLOR＝RGB(0,128,64)   && 显示口背景色为绿色,注意屏幕底色变化
? DATE() AT 20                     && 注意屏幕底色和字体字色
@5,30 SAY "太奇妙了!"              && 注意屏幕底色和字体字色
```

注意：下边定义主窗口中显示文字的字体、字号的命令将永久改变显示结果。学生在完成实验后应将字体重置为"宋体"，字号大小为"10"。命令为：

```
_SCREEN.FONTNAME＝"宋体"
_SCREEN.FONTSIZE＝10
```

保存当前实验结果：选中命令窗口，按"Ctrl＋A"选择所有执行过的命令，单击右键选择"复制"，然后打开自己的"×××班×××实验一"Word 文件，按"Ctrl＋V"键粘贴；再单击 Visual FoxPro 窗口标题栏，按一下"PrintScreen"键抓取当前屏幕，选择自己的 Word 文件，按"Ctrl＋V"键粘贴屏幕图像，保存 Word 文件后返回 Visual FoxPro。

6. 变量的定义与显示

实验练习使用如下函数和命令，在实验指导书上记录实验结果，在实验报告中记录实验过程和结果。

（1）变量的定义与显示。

Visual FoxPro 允许不用命令动词直接用变量名并赋值定义一个变量，也可以使用定义变量命令 STORE 定义多个变量且必须赋予同一个值来使用变量。例如：

```
A＝100              && 直接定义一个变量 A 赋值 100,此时变量 A 就是一个数值型变量
A1＝"陕西理工大学"  && 直接定义变量 A1 赋值"陕西理工大学",A1 是一个字符型变量
STORE  600  TO  N1  && 定义了一个变量,名为 N1,赋初值为 600,变量 N1 是数值型
STORE "×××同学成绩:"  TO  C1,C2  && 定义了两个变量 C1 和 C2,并同时赋同样初值
? A    AT 20        && 换行在 20 列处显示变量 A 的值
? A1   AT 40        && 换行在 40 列处显示变量 A1 的值
?? "我爱你!"        && 不换行显示字符串,观察屏幕效果,"我爱你!"前面没有空格
?                  && 换行回车
? C1               && 显示变量 C1 值
??   n1
```

&& 不换行显示 n1 的值,600 前有 7 个空格,因为数值型数据显示时整数屏幕占 10 位

```
? C1,N1            && 换行显示两个变量 C1 和 N1 的值
? C1,N1 , DATE()
```

&& 换行显示 C1、N1 和当前日期,说明? 命令可以同时显示多种数据类型

（2）数组变量的定义、显示和运算。

如果要使用特别多的变量，可以使用数组。例如：

```
DIMENSION AA(2),AB(2,2)
```

&& 定义两个数组,AA 数组有 2 个元素,下标位 2;AB 数组有 2 * 2＝4 个元素,下标为 4。数组中的元素可以是不同类型的数据,如果数组不赋值默认值为逻辑值.F.

AA(1)＝"ABCD"　　　&& 给数组 AA 第一个元素赋字符串值

AB(1,2)＝AA(1)

&& 把数组 AA(1)的值赋给数组 AB(1,2),AB(1,2)是数组 AB 的第二个元素

AB(2,2)＝123

&& 给数组 AB(2,2)赋整形数值 123,AB(2,2)元素是数组 AB 的第 4 个元素,也可以用 AB(4)表示

AB(2,1)＝11.1　　　&& 给数组 AB(2,1)元素赋浮点数值 11.1,AB(2,1)是数组 AB 的第 3 个元素,也可以用 AB(3)表示

? AA(10),AA(2),AB(1,2),AB(2,2)　　&& 显示 4 个数组元素的值,什么下标超界? 学生修改

? AA(1),AA(2),AB(1),AB(2),AB(3),AB(4)　　&& 显示 6 个数组元素的值,思考逻辑.F.值原因

7. 系统变量使用

VisualFoxPro 中已定义了许多系统变量,这些系统变量都以英文下划线"_"开头标注,功能十分强大,用户无须定义可直接调用、赋值、传数据。

> **技巧提示:**
> 　　输入英文引号内的中文时,可先一次输完英文引号,然后光标后移到英文引号内再输入中文。

(1)屏幕窗口控制按钮命令。

屏幕窗口右上角有三个控制按钮:最小化、最大化和关闭按钮,可通过系统变量修改。

_SCREEN.MAXBUTTON＝.T.

&& 窗口最大化按钮有效,为黑色。学生观察窗口右上角按钮变化

_SCREEN.MAXBUTTON＝.F.　　　&& 窗口最大化按钮无效,变为灰色

_SCREEN.MINBUTTON＝.F.　　　&& 窗口最小化按钮无效,变为灰色

_SCREEN.MINBUTTON＝.T.　　　&& 窗口最小化按钮有效,为黑色

_screen.WindowState＝2　　　&& 窗口最大化,数值 0 表示默认值,1 最小化,2 最小化

_SCREEN.PICTURE＝"D:\×××班×××实验一\背景 1.jpg"

&& 窗口背景图片,本次实验文件夹下必须要背景 1.jpg 图片文件

(2)调用系统计算器。

_CALCVALUE＝20 * 50　　　&& 给计算器值系统变量赋值为 20 和 50 的乘积

ACTIVATE　WINDOW　CALCULATOR

&& 激活并显示计算器 CALCULATOR,可用计算器进行操作

_CALCVALUE＝_CALCVALUE＋500

&& 用命令给计算器原值加 500,请观察计算器结果

? _CALCVALUE　　　　　&& 显示计算器的值

(3)系统粘贴板变量的使用。

在 Visual FoxPro 窗口,输入下句命令:

_CLIPTEXT＝"我是×××班×××学生"

&& 该命令给粘贴板系统变量赋值,相当于"CTRL＋C",修改××× 为你的班级和姓名
然后在打开的 Word 或其他能输入文字的窗口中单击右键,选择"粘贴"。

(4)定义 Windows 窗口系统变量。

DEFINE WINDOWS ZZX FROM 2,2 TO 40,80 FONT "隶书",20 TITL "×××的软件";

FLOAT GROW MINI ZOOM CLOS

&& 定义一个窗口,窗口的名称为"ZZX",窗口标题为"×××的软件",窗口内显示的文字采用隶书,字号为 20 号字,窗口有最小化 mini、最大化 zoom 和关闭 clos 按钮

该命令实验要求:学生应将"×××的软件"中的"×××"改为自己的姓名。

(5)激活显示窗口命令。

ACTIVATE WINDOWS ZZX && 窗口定以后并不立即显示,此命令将激活显示窗口

(6)在自定义窗口内显示数据。

? DATE() && 在 ZZX 窗口显示显示当前日期,注意显示的字体字号大小

再次保存当前实验结果到自己的"×××班×××实验一"Word 文件中,包括命令窗口所有命令和屏幕截图。

(7)关闭自定义窗口命令。

RELEASE WINDOWS ZZX &&ZZX 表示要窗口名,可以是任何窗口名如计算器 calculator

8. 数学函数的使用

Visual FoxPro 提供了大量的数学函数供我们学习使用,例如:数值取整函数 INT()。

? INT(158.89) && 显示 158 的整数,注意此函数并不四舍五入

? SQRT(7^2−4*2*4) && 显示求表达式 7^2−4*2*4 的平方根为 4.12

? MOD(100,3) && 显示 100 除 3 的余数

? MOD(100,−3)

&& 显示 100 除负 3 的余数,注意数值变化,因为如果被除数与除数异号,函数值为两数相除的余数加上除数的值

? ROUND(15.89,3) && 显示 15.890 四舍五入的值,指定小数位的精度为 3

? ROUND(−15.89,1) && 显示负数 −15.9 四舍五入的值,指定小数位的精度为 1

? ABS(−4*2) && 显示绝对值函数

? EXP(1) && 显示以自然对数 E 为底的指数函数

? LOG(2.72) && 显示对数 2.72 的值

? MAX(5,3,9) && 显示三个数中的最大值

? MIN(−15,1,3) && 显示三个数中的最小值

9. 字符函数的使用

要求:下列命令中的大小写必须与实验题一致,注意并记录屏幕显示结果。

? AT("A","ABCD") && 显示 AT()函数求出的字符 A 在字符串 ABCD 的位置数值

? AT("A","ABCD",2) && 显示 AT()函数求出的字符 A 在字符串 ABCD 第二次出现的位置

? LEN('AbA ') && 显示计算字符串长度函数 LEN()计算的字符串长度值

? ISALPHA("AbA ") && 显示字符串 AbA 左边第一个是否为字符,.T.为字符.F.为数值

? ISALPHA('2A b A ')

? ISDIGIT ("A b A") && 显示字符串是否为数字 0−9,.T.为数值.F.为非数值

? ISDIGIT("2AbA")

? ISLOWER('pRO') &&显示字符串左边第一个是否小写,.T.为小写.F.为大写

? ISUPPER("pRO") &&显示字符串左边第一个是否大写,.T.为大写.F.为小写

10. 字符运算函数的使用

C="陕西理工大学(Shaanxi University of Technology)"

&&定义字符串变量C并赋值

SET COLOR TO +4/1

&&设置显示文字的前景色和背景色以便于下面显示字符串中的空格

? LEFT(C,8)

&&显示从变量C中左边截取8个字符的字符,学生观察显示结果

? RIGHT(C,15) &&显示从变量C中右边截取15个字符的字符

? SUBSTR(C,5) &&显示从变量C中第5个开始截取后边的所有字符

? SUBSTR(C,5,6) &&显示从变量C中第5个开始截取后边6个字符

? LEN(C) &&显示计算字符串长度函数LEN()计算变量C长度的值

D= "FoxPro" &&定义一个字符串变量并赋值,注意FoxPro前后有空格

? D &&显示字符串变量D的值,学生观察显示结果中空格

? TRIM(D) &&显示截取字符串尾部空格函数TRIM()的字符串

? LTRIM(D) &&显示截取字符串左边空格函数LTRIM()的字符串

? RTRIM(D) &&显示截取字符串右边空格函数RTRIM()的字符串

? ALLTRIM(D) &&显示去掉字符串左右空格函数ALLTRIM()的字符串

? SPACE(25) AT 40 &&在第40列显示25个空格

? LOWER(D) &&显示字符串全部变为小写后的结果

? UPPER(D) &&显示字符串全部变为大写后的结果

Zfc="Visual" &&定义1个字符串,注意该字符串后有2个空格

? Zfc+ "FoxPro " AT 40

&&在第40列显示字符串连接的结果,本例字符串连接用+号

? [数据库]+[应用技术] AT 40

&&在第40列显示字符串连接的结果,本例字符串用[]引号

? [数据库]+[应用技术] AT 40

&&在第40列显示字符串连接的结果本例字符串连接用一号

? LEN([数据库]+[应用技术]) AT 40 &&显示+加号连接后的字符串长度

? LEN([数据库]-[应用技术]) AT 40 &&一减号连接后的字符串长度

11. 数据转换函数的使用

PI=3.14159

&&定义了个变量,名为PI,赋值为3.14159,说明PI是个数值变量

? STR(100+PI)

&&显示将PI的值加100后转换为字符型,STR()为数值转为字符的函数

? STR(100+Pi,10,5)

&&显示将PI的值加100后转换为字符串的值,总长度取10位,小数5位

? STR(100+Pi,10,4)

&& 将 PI 的值加 100,转换为字符型时总长度取 10 位,小数后取 4 位显示

? STR(100+Pi,10,2)

&& 将 PI 的值加 100,转换为字符型时总长度取 10 位,小数后取 2 位显示

? STR(3.6)　　&& 将数值 3.6 转换为字符显示

? ASC("ABCD")　　&& 显示字符串第一个字符的 ASCⅡ 码

? CHR(65)　　&& 将 ASCⅡ 码的编号显示为字符

?"返回用户"+CHR(10)+"单击的选项值"

&& 强行给字符串加回车符,CHR(10)为回车 ASCⅡ 码

? VAL("123") AT 40

&& 将字符串数转换为数值在第 40 列显示,VAL()是字符串转换为数值函数

? DTOC(DATE()) AT 40

&& 获取当前日期并转换为字符串在第 4 列显示,DTOC()是日期型转换为字符型函数

? CTOD("10/12/2020")　AT 40　　&& 将字符串数据转换为日期并第 40 列显示 ,CTOD()是字符串数据转换为日期型函数,字符串中的日期按英文的月/日/年顺序编写

12. 日期函数的使用

SET　CENTURY　ON　　　　&& 日期显示设置为千位数显示

? STR(MONTH(DATE()))+"月"　&& 显示月份

? STR(DAY(DATE()))+"日"　　&& 显示当前系统的日期中的日

? YEAR(DATE())+"年"　　　　&& 显示年份,但是此语句出错,学生修改。提示:用 STR()

? DOW(DATE()) AT 40　　　　&& 在 40 列显示系统星期,用 1～7 表示星期日～星期六

? "今天是星期:"+STR(DOW(DATE()),1) AT 80

　　　　　　　　　　　　　　&& 星期数和字符串一起显示要用 STR()函数转换

? CMONTH({^2011/11/12})　　&& 显示系统月份,6.0 版英文显示,9.0 版本中文

?"本月是:" AT 80

?? CMONTH(DATE()) AT 88　　&& 不换行 88 列显示月份,6.0 版英文显示,9.0 版中文显示

?　"今天是星期几:"　 AT 80

?? CDOW(DATE())　　　　　　&& 不换行显示系统星期,6.0 版英文显示,9.0 版中文显示

? STR(YEAR(DATE()))+"年"+ STR(MONTH(DATE()))+"月"+ STR(DAY(DATE()))+"日"

? STR(YEAR(DATE()),4)+"年"+ STR(MONTH(DATE()),2)+"月"+ STR(DAY(DATE()),2)+"日"

SET　DATE　TO　ymd

? DATE()　　&& 显示系统日期

? DATE()+20　　&& 显示系统日期加 20 后的值

? DATE()-60　　&& 显示系统日期减 20 后的值

? {^2019/09/28　12:5:20}　　&& 显示日期时间变量加值

? {^2019/09/28　12:5:20}+20　　&& 显示日期时间变量加 20 后的值

? {^2014/01/02　12:5:20}-10　　&& 显示日期相减后的值 10

? DATE()-{^2002/01/20}　　&& 显示日期相减后的值

? {^2014/01/02　12:5:20}-{^2002/06/28　12:5:10}　　　　&& 显示时间日期相减后的值

@18,50 SAY "今天的日期是:"+DTOC(DATE()) FONT "楷书",20   && 格式显示日期

@20,50 SAY "今天的日期是:"+STR(YEAR(DATE()),4)+"年"+ STR(MONTH(DATE()),2)+"月";

+STR(DAY(DATE()),2)+"日" FONT "楷书",20   && 带汉字显示年月日

13. 宏替换命令"&"的使用

命令"&"作用是将宏名(用于字符型变量名)替换为预先设置的字符串。

VAR= "123"   && 定义一个变量,宏名即变量名为 VAR,预设为字符型,其值为"123"

? &VAR   && 用宏替换显示变量的值并显示,屏幕左上侧显示为:123

Cvar= " FOX "   && 再定义一个变量,变量名为 Var,为字符型,其值为"FOX"

? "Visual &Cvar.Pro" && 显示字符串值,中间用了宏替换 & ,Cvar 的值是"FOX"

? Cvar   && 用宏替换显示 Cvar 的值是"FOX"

FOX= "ABC"   && 再定义一个变量,变量名为 FOX,为字符型,其值为"ABC"

? Cvar   && 显示 Cvar 变量的值为"FOX"

? &Cvar   && 用宏替换显示 Cvar 变量的值是"ABC"

14. 信息框函数的使用

信息框函数的格式:MESSAGEBOX("对用户的提示信息语",数值1+数值2+数值3,"信息框标题")。

数值 1 表示按钮类型;数值 2 表示信息框图标类型;数值 3 表示默认选项。三个数值可以单独列出(用加号相加),也可以只写这三个数值的和。

判断用户单击了信息框中的哪个按钮,只需要获取 MESSAGEBOX()函数返回的值即可。例如,定义一个变量 Fhz,使用命令 Fhz=MESSAGEBOX()就获取了信息框函数返回的值。本次实验如下:

Fhz=MESSAGEBOX("使用 3 个按钮并带有终止图标",3+16+256,"提示信息对话框")

? Fhz   && 显示返回用户单击的选项值,学生观察并记录显示结果中数值

nXX=MESSAGEBOX("您真的要退出吗?",19,"请您选择")

? nxx   && 显示返回用户单击的选项值,学生观察并记录显示结果中数值

要求:学生反复修改 MESSAGEBOX()函数第二个参数的数值,修改提示语,并运行该命令,至少做 8 个不同类型的练习,观察信息框的变化和返回的数值,然后填写完善表 2-1-3。

表 2-1-3

按钮类值	按钮类型	图标类型值	图标类型	默认选项值	焦点选项	单击的按钮	单击按钮返回值
	确定	0	无图标	0	第一个按钮	确定	1
	确定、取消		X 暂停图标	256		取消	
2	中止、重试、忽略		疑问号图标	512		中止	
	是、否、取消		惊叹号图标			重试	
	是、否	64				忽略	
	重试、取消					是	
						否	

保存实验结果到自己的"×××班×××实验一"Word文件中,包括命令窗口所有命令和屏幕截图。

15.文件操作函数命令的使用

注意:命令运行后会打开对话框,学生应选择文件并确定。

首先从网上下载一张JPG格式的图片到自己的文件夹下,修改文件名为"练习1",然后完整显示操作结果清屏。

(1)首先清屏。

CLEAR

(2)获取文件名及其路径函数

Wj＝GETFILE('JPG;BMP;GIF ','请选择照片文件')

&& 上一句命令及函数解释:GETFILE()函数获取用户选择的文件名及路径,并将文件名及路径赋给变量Wj。Wj是自定义变量名("文件"拼音的简写)。函数中参数"JPEG"表示获取一个JPEG文件,它的作用是限定要获取的文件类型,也可以有多个扩展名,其中有分号(;)隔开,学生可以修改为其他文件扩展名。"选择文件名"是提示语,汉字不要太多

(3)显示用户选择的文件名及路径。

?   "刚才您选择的照片文件及路径是:"+Wj   && 显示刚才打开的文件路径及文件名

(4)获取文件名函数。

如果只想获取用户选择的文件名,而不需要路径,可用以下命令函数。

Wenjianming= JUSTFNAME (GETFILE('JPG,BMP,GIF ','请选择照片文件'))

&& 上一句命令及函数解释:GETFILE()函数文件名和路径,JUSTFNAME()函数从已经获得的文件路径名中截取文件名,然后赋值给自定义变量Wenjianming

(5)显示用户选择的文件名。

?   "刚才您选择的照片文件名是:"＋ Wenjianming && 只显示获取的文件名

保存实验结果到自己的"×××班×××实验一"Word文件中,包括命令窗口所有命令和屏幕截图。

五、撰写实验报告

撰写一份本次实验报告,实验报告内容必须包含以下要点:

(1)实验课名称、实验项目名称、实验学时、实验类型、实验起止日期。

(2)实验目的要求、实验方案、使用仪器设备、软件、方法步骤、实验出错的处理过程以及实验心得体会与建议。

(3)实验过程应如实记录自己的实验过程,可以概述,但重点、难点和出错部分需详述,不可照抄实验指导书。

(4)实验报告中必须有本次实验结果截图,且不少于4个。

注意:后面的实验报告的撰写与本次实验报告要求相同的(1)、(2)、(3)条不再赘述。

项目二　数据库和表的操作

【实验类型】设计型。

【实验学时】4 课时。

【实验目的】

1. 学会将现实问题抽象为关系数据表的方法,从而为解决实际问题奠定数据基础。

2. 掌握表的建立与操作的一般方法。

3. 学会表的打开、关闭、浏览、显示、复制等操作方法。

4. 掌握表结构的修改,包括字段的增加、删除、修改以及索引字段的设置等操作。

5. 掌握表记录的定位、添加、删除、修改、替换等操作。

6. 掌握与表有关的测试函数的使用。

【实验准备】

1. 复习数据库的有关概念,理解关系模型的实质,掌握表字段数据类型的含义及表示方法。

2. 复习表的建立、显示、修改与维护等操作方法。

3. 提前准备好一些二寸证件照图片,指导教师可统一发送给学生。

4. 提前预习本次实验内容,准备好数据保存的 U 盘等实验工具。

一、建立实验文件夹,设置实验环境

学生必须在 D 盘建立一个文件夹,文件夹的名字为"×××班×××实验二"。×××表示学生的班级和姓名。

修改默认目录为学生本次实验的新文件夹。

具体操作:单击"工具"菜单的"选项"菜单项,打开"选项"对话框,单击"文件位置"→"默认目录"→"修改"→"使用(U)默认目录"→"…",选择学生本人的文件夹所在驱动器(磁盘)和文件夹名,单击"选定"→"确定"→"设置为默认"→"确定"。

二、建立实验项目

给 D 盘学生本人的文件夹下建立一个项目。

具体操作:启动 Visual FoxPro,单击"文件"→"新建"→"项目"→"新建文件"。选择 D 盘并打开学生本人的文件夹,输入项目名,项目名为"×××学生管理系统",×××表示学生姓名,单击"保存"。新建项目后会弹出"项目管理器",如图 2-2-1 所示。

三、建立项目数据库

新建立的项目是一个空项目,现在需要给自己的项目建立一个数据库。

具体操作:在项目管理器中单击"全部"选项卡"数据"菜单前的"+"展开菜单,再选择"数据库",此时单击项目管理器右侧"新建…"→"新建数据库",输入数据库名"学生管理",最后单击"保存"完成数据库的建立。

图 2-2-1

四、建立数据库数据表

新建立的数据库是一个空库,现在需要给自己的项目下的数据库建立一个数据库表。

具体操作:单击自己数据库"学生管理"前的"＋"展开下级菜单,单击"表",再单击项目管理器右侧"新建…"→"新建表",输入表名"基本情况",单击"保存",在弹出的对话框中必须完成对数据库表的结构设置。本次实验基本情况数据表的字段要求见表 2-2-1。

表 2-2-1

字段名	字段类型	字段宽度	小数位数
学号	字符型	12	
姓名	字符型	8	
性别	字符型	2	
出生日期	日期型	8	
年龄	数值型	2	0
专业	字符型	10	
班级	字符型	10	
党员否	逻辑型	1	
是否贷款	逻辑型	1	
入学成绩	数值型	5	1
家庭地址	字符型	16	
简历	备注型	4	
照片	通用型	4	

图 2-2-2 是设置定义表字段的属性的界面。

图 2-2-2

选中已建立的字段可以修改其属性,拖动字段左侧灰色方块可调整字段的顺序。

Visual FoxPro 6.0 版在新建立一个表结构后单击"确定",会弹出一个信息框让用户决定是否立即输入记录,应单击"是",如图 2-2-3 所示。Visual FoxPro 9.0 版则不会弹出这个确认信息框。

图 2-2-3

如果要输入新记录或者要修改记录、添加记录,可在命令窗口输入"APPEND"命令,打开添加修改记录窗口完成操作。

五、数据表添加记录

Visual FoxPro 默认的输入记录的界面是竖排版非表格样式,如图 2-2-4 所示。如果想使用常见的表格样式添加或修改记录,可单击菜单栏"显示"→"浏览";如果在"浏览"记录时又想添加记录,可以单击菜单栏"显示"→"追加模式"。浏览模式时的界面如图 2-2-5 所示。

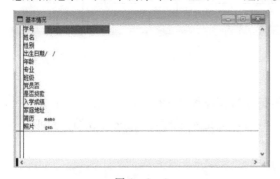

图 2-2-4

图 2-2-5

添加记录实验要求:

(1)先用命令"SET　CENTURY　ON"设置显示 4 为年份以便于输入和观察出生日期。

(2)给"基本情况"表输入记录,其中第一条记录是实验学生自己的记录,其他记录数据见图 2-2-6,学生也可以增加新的记录。

(3)学号必须是唯一的,不可重复。

(4)年龄无须输入,后面我们用命令自动计算输入年龄。备注和照片现在不输入。

学号	姓名	性别	出生日期	年龄	专业	班级	党员否	是否贷款	入学成绩	家庭地址
1901014001	王琪	女	02/23/2001		国际贸易	国贸1901	T	F	576.5	浙江省温州市
1901014002	薛宇成	男	04/21/2001		国际贸易	国贸1901	F	F	564	陕西省西安市
1901014003	张美画	女	06/28/1999		国际贸易	国贸1901	F	T	581.5	北京市海淀区
1902014040	李丹阳	女	03/25/2000		国际贸易	国贸1902	F	F	587	天津市海滨新区
1902014041	张群	男	07/12/2001		国际贸易	国贸1902	F	F	583	辽宁省沈阳市
1901024001	李伟	男	03/26/2001		经济学	经济学1901	F	F	597	陕西汉台区
1901024002	罗春画	女	04/15/1999		经济学	经济学1901	T	F	565	陕西洋县
1901024003	赵晓面	女	04/18/2000		经济学	经济学1901	F	T	586.5	陕西安康市
1902024041	康宏	男	05/26/2001		经济学	经济学1902	F	F	574	四川成都市
1902024042	刘念	男	06/17/2001		经济学	经济学1902	F	F	579	湖北省武汉市
1901094021	张思涵	女	08/24/2000		物流管理	物流1901	F	T	587.5	陕西省宝鸡市
1901094022	李倩	女	06/13/2001		物流管理	物流1901	F	T	597	陕西临渭南市

图 2-2-6

六、建立项目自由表

项目可以管理数据库表,也可以管理自由表。本实验要求给本项目建立一个"学生成绩"自由表,并保存在D盘实验二文件夹下。

操作提示:在项目管理器中选择"自由表"→"新建"→"表",然后按要求建立自由表结构并存盘。字段名为如表2-2-2所示。

表 2 - 2 - 2

字段名	字段类型	字段宽度	小数位数
学号	字符型	12	
英语	数值型	4	1
宏观经济学	数值型	4	1
高数	数值型	4	1
总分	数值型	5	1
平均分	数值型	4	1

七、给自由表添加记录

添加记录实验要求如下:

(1)要求第一条记录是实验学生自己的,其他记录数据见图2-2-7,总记录不少于10条。

(2)学号必须与基本情况表中的学号保持完全一致,但记录顺序可以变化,成绩可自拟。

(3)"总分"和"平均分"不要输入。

学号	英语	宏观经济学	高数	总分	平均分
1901014001	78.0	85.0	65.0	0.0	
1901014002	84.5	74.0	55.0	0.0	
1901014003	68.0	76.5	69.5	0.0	
1902014040	82.0	95.0	76.0	0.0	
1902014041	81.0	96.0	73.0	0.0	
1901024001	79.0	85.0	62.0	0.0	
1901024003	78.0	88.0	80.0	0.0	
1901024003	86.0	94.0	90.0	0.0	
1902024041	82.5	84.0	83.0	0.0	
1902024042	75.0	76.0	62.0	0.0	
1901094021	78.0	86.0	72.0	0.0	
1901094022	92.0	97.0	85.0	0.0	

图 2 - 2 - 7

八、自由表和数据库表的互相转换

自由表可以转换为数据库表,数据库表也可以转换为自由表。

1. 将"学生成绩"自由表变为数库表

注意:自由表可以直接转换为数据库表。

操作提示:单击"数据库"→"学生管理"→"表",单击右侧"添加",选择"学生成绩",点击"确定"。

2. 将"基本情况"数库表变为项目自由表

注意:数据库表不能直接转换为项目的自由表,必须先将数据库表从数据库中移除(不是删除),然后再添加到项目自由表中去。

操作提示:单击"数据库"→"学生管理"→"表"→"基本情况",单击右侧"移去"→"移去",点击"确定"。

数据库表从数据库中移除后变成了一个独立的自由表,但这个独立的自由表不属于本项目的自由表,因此还需要将此时的"基本情况"独立表添加到项目中的自由表中。

操作提示:单击"数据库"→"自由表",单击右侧"添加",选择"基本情况",点击"确定"。

3. 将"基本情况"自由表变为数库表

为了今后的实验,还需要将"基本情况"表转换为数据库表。这个可由学生自己完成。

九、工作区的选择

Visual FoxPro 中的工作区实际上是系统在内存中为表开辟的专用存储空间。VFP 刚启动默认第一个号工作区 1 号为当前工作区。一个区只能打开一个表,如果要打开多个表就需要选择多个工作区。选择工作区的命令格式为"SELECT <工作区号|别名>"。工作区号一般可用数值表示 1—32767,Visual FoxPro 允许前 10 个工作区号也可以用 A、B、C…J 字母代替。例如:

(1)选择第 2 工作区,打开"学生成绩"表,用命令给所有的学生填写"总分"和"平均分",操作提示如下:

```
SELECT 2 或 SELECT B    && 选择第 2 工作区
USE 学生成绩  EXCLUSIV    && 独占方式打开学生成绩表
REPLACE   ALL 总分 WITH 英语＋宏观经济学＋高数,平均分 WITH 总分/4
&& 用替换命令计算输入总分和平均分
LIST   && 显示结果
```

(2)在工作区 1 区,用命令给"基本情况"表中的年龄字段添加正确的年龄纪录,操作提示如下:

```
SELECT   1 或 SELECT A    && 选择第 1 工作区
USE 基本情况 EXCL     && 独占方式打开基本情况表
REPLACE   ALL 年龄 WITH  (DATE()—出生日期)/365  && 用替换命令计算输入学生年龄
BROWSE    && 用表格显示计算年龄后表记录
```

(3)测试当前工作区。有时候我们不知道当前的工作区,可用 SELECT()函数测试,操作提示如下:

```
? SELECT() at 40     && 在第 40 列显示当前的工作区号
```

十、表记录的显示

1. 打开表文件

打开项目管理器,也就打开了数据,但并没有打开表,要使用表就必须打开表。打开数据库的命令是"OPEN DATABASE <数据库名>",如"OPEN DATABASE 学生管理"。打开表的命令是 USE,命令格式为:USE [<表文件名>] [IN <工作区号>] [ALIAS <别名>] [EXCLUSIVE/SHARED]。

打开表文件时,如果没有选择工作区号,那么就在当前工作区打开表文件,如果打开的是数据库表,可以用 ALIAS 子句给表文件起一个别名,默认的别名是数据库表的本来文件名。EXCLUSIVE 表示以独占方式打开表文件,SHARED 为只读。例如:

USE 基本情况 EXCL　IN 2　　&& 以独占方式在第 2 工作区打开基本情况表

2. 显示表所有记录

(1)无格式显示当前记录:

DISP　&& 只显示当前一条记录

(2)无格式显示所有记录:

DISP　ALL　&& 显示所有记录,记录多于一屏时会暂停,按任意键继续显示

(3)无格式显示所有记录:

LIST　　&& 显示所有记录,记录多于一屏时,快速滚动到下一屏,直到显示完

(4)表格形式显示所有记录:

BROWSE　&& 这是功能强大的浏览命令,将弹出一个表格窗口显示所有记录

(5)查询筛选显示记录。命令方法很多,例如:

LIST FOR 性别＝"女"　　　&& 显示性别为"女"的所有记录

DISP ALL　FOR 性别＝"男"　&& 显示性别为"男"的所有记录

BROW FOR 专业="国际贸易" FONT "隶书",20 TITLE "国贸专业学生基本情况"

&& 显示专业为"国际贸易"的所有记录,字体为隶书,字号 20,窗口标题为"国贸专业学生基本情况"

LIST　FOR 性别＝"男" FIEL 姓名,性别,出生日期

&& 显示男生,字段只有"姓名""性别"和"出生日期"

DISPLAY　ALL FIEL 姓名,班级,入学成绩

&& 显示所有记录,但字段只有"姓名","班级""入学成绩"

BROWSE FIEL 学号,姓名,性别,家庭地址 FONT "隶书",18　FREEZE "姓名"

&& 只显示"学号""姓名""性别"和"家庭地址",字体为隶书,字号 18,只允许修改"姓名"字段,其他字段被冻结

LIST　FOR 专业＝"经济学".and. 性别＝"女"

&& 显示专业＝"经济学"并且 性别＝"女"记录

十一、表记录的删除

表记录的删除分为逻辑删除(没有真正删除,仅仅在记录号上做删除标记)和物理删除。

1.逻辑删除记录

(1)方法一。

DELETE FOR 姓名 ＝"康宏"　　&& 逻辑删除康宏

LIST　　&& 显示结果,康宏记录前应有＊号标志

(2)方法二。

BROWSE　　&& 浏览所有记录,单击记录最左侧空白单元格使其变黑色,即为逻辑删除

2.取消逻辑删除

(1)方法一。

RECALL FOR 姓名 ＝"康宏"　　&& 恢复康宏

(2)方法二

BROWSE　　&& 浏览所有记录,单击记录最左侧黑色单元格使其变白色,即为取消删除

3.物理删除记录

例如,物理删除姓名为康宏的记录如下:

DELETE FOR 姓名 ＝"康宏"　　&& 先逻辑删除康宏

PACK　　&& 再物理删除记录

LIST　　&& 显示结果,应无康宏记录

注意:SET DELETE ON 为不显示逻辑删除的记录命令。

ZAP 为物理删除全部记录,实验时不要做。

十二、在规定的位置添加表记录(选做)

Visual FoxPro 不能对数据库表指定的位置添加记录,因为数据库表已经有许多内在关联,直接插入特定的位置是不允许的,只要将数据库表变为自由表就可以在自由表中任意记录前后添加记录。因此如果要对数据库表规定的位置添加记录,那就必须把数据库表转换为自由表,然后添加特定位置的记录,添加完记录后还应该将自由表转换为数据库表。

1.在表的顶部及尾部分别增加一个新记录(选作实验)

操作提示:首先选择自己的一个数据库表,将这个数据库表转换为自由表,然后打开自由表,接着在自由表中插入记录的命令如下:

GOTO TOP　　&& 记录指针移动到表顶部

INSERT BEFORE　　&& 在当前位置插入一条记录,并立即输入内容,如果不输入则不插入记录

LIST　　&& 显示所有记录,查看添加效果

2.在规定的位置添加空记录

例如,在自由表的第 3 行增加一个新的空白记录。命令如下:

GOTO　3　　&& 记录指针一到表第 3 行(记录号 3)

INSERT BLANK　　&& 插入空记录,但不立即输入记录

3.在规定的位置添加一条新记录,并立即输入记录内容

例如,在自由表的第 8 行增加一个新的空白记录。命令如下:

> **技巧提示:**
> 当表文件打开后,可用命令直接复制为 Excel 文件,例如:COPY TO 学生成绩．XLS TYPE XLS。

GOTO 8 　　&& 记录指针移动到表第 8 行(记录号 8)

INSERT BEFORE 　　&& 在当前位置插入一条记录,并立即输入内容

LIST 　　&& 显示表记录

注意:最后将自由表重新添加到数据库中。

十三、导出表记录到电子表格

要求将"学生成绩.dbf"表导出为一个 Excel 文件。

操作提示:单击"文件"→"导出"→"类型(T)",选择"Microsoft Excel 5.0(XLS)"→"到(O)",选择自己的文件夹并输入要保存的文件名"学生出成绩",点击"保存"→"来源于(F)",选择"学生成绩.dbf",点击"确定",如图 2-2-8 所示。

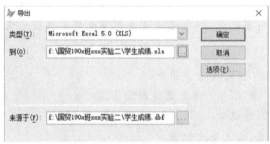

图 2-2-8

这样将在学生的实验目录下产生一个电子表格文件"学生成绩.XLS",可以打开浏览结果。

十四、备注字段内容的输入

备注字段的内容存放在另外一个文件中,这个文件的主名和表文件相同,扩展名为 FPT。备注字段记录内容的输入较特殊,本次实验要求给基本情况表中 10 个学生添加备注字段内容。具体内容由学生自拟。实验操作提示如下:

(1)用 BROWSE 命令打开浏览编辑窗口。

SELECT 1 　　&& 选择第 1 工作区,因为在 1 号工作区已经打开了基本情况表

BROWSE 　　&& 可以用表格浏览编辑记录(见图 2-2-9)

学号	姓名	性别	出生日期	年龄	专业	班级	党员否	是否贷款	入学成绩	家庭地址	简历	照片
1901014001	王琪	女	02/23/01	19	国际贸易	国贸1901	T	F	576.5	浙江省温州市	memo	gen
1901014002	薛宇戒	男	04/21/01	19	国际贸易	国贸1901	T	F	564	陕西省西安市	memo	gen
1901014003	张美丽	女	06/28/99	20	国际贸易	国贸1901	F	T	581.5	北京市海淀区	memo	gen
1902014040	李丹阳	女	03/26/00	20	国际贸易	国贸1902	F	F	587	天津市海滨新区	memo	gen
1902014041	张群	男	07/12/01	18	国际贸易	国贸1901	F	F	583	辽宁省沈阳市	memo	gen
1901024001	李伟	男	03/26/01	19	经济学	经济1901	T	F	597	陕西汉台区	memo	gen
1901024002	罗春丽	女	04/15/99	21	经济学	经济1901	T	F	565	陕西洋县	memo	gen
1901024003	赵晓丽	女	04/18/00	20	经济学	经济1901	T	F	586.5	陕西安康市	memo	gen
1902024042	刘全	男	06/17/01	18	经济学	经济1902	F	F	579	湖北省武汉市	memo	gen
1901094021	张思涵	女	08/24/00	19	物流管理	物流1901	F	T	587.5	陕西省宝鸡市	memo	gen
1901094022	李倩	女	06/13/01	18	物流管理	物流1901	F	T	597	陕西省渭南市	memo	gen

图 2-2-9

(2)双击第一条记录的"简历"字段下的标志"memo"(未输入过的备注字段此时全为小写),弹出一个编辑窗口。

(3)在弹出的备注字段编辑窗口输入备注记录内容,学生自拟内容,如图 2-2-10 所示。

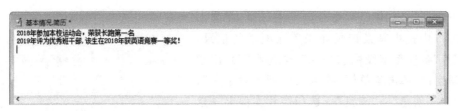

图 2 - 2 - 10

在编辑窗口中输入备注数据,关闭编辑窗口,此时字段标志"memo"变为"Memo",表示该字段添加了内容。

十五、通用型字段照片的添加

通用型字段值存储在和备注字段存储的同一个文件中(扩展名为 FPT)。它不仅可以记录照片信息,还可以记录声音、Word、Excel 等文件信息。

通用型字段添加照片的方法有三种,本次实验要求学生使用第一种方法完成对基本情况表中所有记录的照片的添加,其他两种添加照片的方法为选做实验。

1. 截图复制粘贴添加图片法(必做)

截图复制粘贴添加图片法的优点是把图片数据压缩到 FPT 文件中了,可防止别人偷换图片文件,有一定的保密性,同时截图复制粘贴添加照片法简单且直观,Visual FoxPro 6.0 及其更高版本通用型字段对图片格式无特别要求,后期在表单中可用 OLEBOUNDCONTROL 控件直接显示出图片。

该方法要首先用图片浏览软件如 Windows 画图软件打开图片,然后选择截取图片中图像→"编辑"→"复制"。当然在浏览网页时也可以用截图工具截取图片。然后再用 BROWSE 命令浏览记录,双击"照片"通用型字段标志"gen",出现一个编辑窗口,单击菜单栏"编辑"→"选择性粘贴"→"图片(DIB)"→"确定",这样图片将添加到表中。如图 2 - 2 - 11 所示。

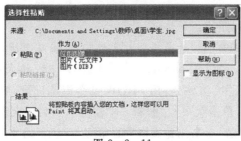

图 2 - 2 - 11

采用剪贴复制图片法添加的通用性照片可以直接观察到照片的样子。

2. 菜单插入图片文件法(选做)

菜单交互式插入图片法在 FPT 文件中仅仅保存了这些文件的路径,并没有把这些文件压缩到数据表中。

其方法是先用 BROW 命令浏览表记录,在弹出的浏览窗口中选中某条记录如张美丽同学的记录,双击"照片"备注型字段标志"gen"(全为小写),出现一个编辑窗口,单击菜单栏"编辑"→"插入对象…",选择"由文件创建"→"浏览"→选择照片文件夹→选择照片文件→"确定"。如图 2-2-12 所示。

图 2-2-12

当然也可以直接把图片文件复制粘贴进来。

照片添加成功后,备注型字段标志变为"Gen",表示该字段添加了内容。

用插入法添加的照片在数据表中显示如图 2-2-13 所示,只是一个超链接标志,无法直接查看,在表单设计中可以用 OLE-BOUNDCONTROL 控件显示出通用型字段内容的文件标志或缩略图,然后双击 OLEBOUNDCONTROL 控件就可以显示通用字段插入的数据文件内容。

图 2-2-13

3. 命令插入照片文件法(选做)

命令插入照片法仍然在 FPT 文件中仅仅保存文件的路径,并没有把文件压缩到数据表中,但它是程序设计中常用的方法。

先用 BROW 命令浏览表记录,然后单击选中要添加照片记录的行,再在命令窗口输入"APPEND GENERAL General FieldName [FROM FileName]"命令给当前记录添加通用字段的记录。该命令中的参数解释如下:

GeneralFieldName:字段名;FileName:OLE 对象的文件。必须给出文件全名,包括扩展名。例如:

```
APPEND GENERAL 照片 FROM "D:\国贸 190X 班×××实验二\男照片 1.bmp"
&& 添加 BMP 格式照片
```

或者用以下令可以添加照片:

```
zhaopian=GETFILE("BMP","请选择照片文件")     && 从选择 BMP 照片文件路径和文件名
APPEND GENERAL 照片 FROM  &zhaopian      && 添加 BMP 格式照片
```

如果要更改已添加的图片,方法是:用 BROW 命令浏览记录,双击"照片"通用性字段标志"Gen",出现一个编辑窗口,单击菜单栏"编辑"→"清除",然后再次添加图片。

用 BROW 命令浏览记录,双击浏览表格中的"简历"字段下的"Memo"单元格就可以显示简历的内容记录,双击"照片"字段下的"Gen"的单元格就可以显示图片了。如图 2-2-14 所示。

学号	姓名	性别	出生日期	年龄	专业	班级	党员否	是否贷款	入学成绩	家庭地址	简历	照片
1901014001	王琪	女	02/23/01	19	国际贸易	国贸1901	T	F	576.6	浙江省温州市	Memo	Gen
1901014002	薛宗成	男	04/21/01	19	国际贸易	国贸1901	F	T	564	陕西省安市	Memo	Gen
1901014003	张美丽	女	06/28/99	20	国际贸易	国贸1901	F	T	581.5	北京市海淀区	Memo	Gen
1902014040	李丹阳	女	03/25/00	20	国际贸易	国贸1902	F	F	587	天津市海滨新区	Memo	Gen
1902014041	张群	男	07/12/01	18	国际贸易	国贸1902	F	F	583	辽宁省沈阳市	Memo	Gen
1901024001	李伟	男	03/26/01	19	经济学	经济学1901	F	F	597	陕西汉台区	Memo	Gen
1901024002	罗春丽	女	04/15/99	21	经济学	经济学1901	T	F	585	陕西汉县	Memo	Gen
1901024003	赵娜丽	女	04/18/00	20	经济学	经济学1901	F	T	586.5	陕西安康市	Memo	Gen
1902024042	刘金	男	06/17/01	18	经济学	经济学1902	F	F	579	湖北省武汉市	Memo	Gen
1901094021	张思迪	女	08/24/00	18	物流管理	物流1901	F	F	587.5	陕西省宝鸡市	Memo	Gen
1901094022	李倩	女	06/13/01	18	物流管理	物流1901	F	T	597	陕西省渭南市	Memo	Gen

图 2-2-14

技巧提示：

　　备注型字段添加了文字内容，通用型字段的照片或图片，用 Visual FoxPro 浏览命令是无法直接看到具体文字内容和图片的，但是在今后的表单设计中可以用文本框显示备注型字段记录内容，用 OLEBOUNDCONTROL 控件可显示通用型字段记录的图片或照片。

十六、撰写实验报告

　　撰写一份本次实验报告，实验报告中必须有本次实验有关数据库和表的设计图以及对表的操作图，且不少于 6 个截图。

项目三 SQL 语言的应用

【实验类型】验证型。

【实验学时】2 课时。

【实验目的】

1. 学习理解 SQL 语言的数据定义。

2. 掌握运用 SQL 语言对表的数据查询方法。

3. 掌握运用 SQL 语言对表的数据操纵方法。

4. 掌握运用 SQL 语言对表的数据修改方法。

5. 掌握运用查询和视图设计器进行相关数据查询和视图操作，体会并理解视图设计器中"数据更新"选项卡的意义与作用。

> **技巧提示：**
> 在命令窗口执行了正确命令后，再次执行相同的命令只需要修改上次正确的命令即可。

【实验准备】

1. 复习巩固有关结构化查询语言 SQL 的知识。

2. 对学校的学生表、课程表、教师表、成绩表和任课表之间的关系进行深入思考，理解这几个表的逻辑关系和二维表关联方法。

3. 提前预习本次实验内容，准备好数据保存的 U 盘等实验工具。

一、建立实验文件夹

学生必须在 D 盘建立一个文件夹，文件夹的名字为"×××班×××实验三"。×××表示学生的班级和姓名。

二、运行环境设置

1. 修改默认目录

打开 Visual FoxPro，修改默认目录为自己本次实验的新文件夹，方法与实验一相同。

2. 设置 SQL 运行环境

本次实验如果打开 Visual FoxPro 后，发现同时打开的还有前期实验用过的项目设计器或数据库设计器窗口，应该将这些窗口关闭，保证本次实验是一个全新的实验环境。

3. 使用 SELECT 命令应注意的问题

在 Visual FoxPro 9.0 中使用 SELECT 语句时，若有分组或排序子句，会弹出错误警告信息框"缺少 Group by 子句或 Group by 子句无效"。原因是 Visual FoxPro 9.0 对 SELECT-sql 语言的改进与增强。为了更加符合 ANSI—92 SQL 标准，Visual Foxpro 的每个版本几乎都会对 SQL 命令做一些改进与增强。例如，Visual FoxPro 8.0 对含有 LIKE、GROUP BY 和 HAVING 子句的 SELECT—SQL 命令进行了改进，并对 SELECT—SQL…UNION 等命令进行了增强；Visual FoxPro 9.0 解除了对子查询的数量限制，对 ORDER BY 和 UNION 进行了增强；等等。在 Visual FoxPro 9.0 中在使用 SELECT 查询语句前需要设置，Visual FoxPro

6.0 和 FoxPro7.0 无须此设置命令。命令操作如下：

SET ENGINEBEHAVIOR70 &&70 指定 Visual FoxPro 按照 8.0 以前版本的方式来处理 SQL 命令

以下各 SQL 语言命令均在 Visual FoxPro 命令窗口中输入完成。

三、SQL 语句建立数据库和"学生"表并添加记录

1. 建立成绩管理库

CREATE DATABASE 成绩管理库 &&建立一个数据库，名称为"成绩管理库"

2. 学生表

CREATE TABLE 学生（学号 c(10)，姓名 c(8)，性别 c(2)，出生年月 D，籍贯 c(26)）

&& 上一句建立一个学生数据库表，字段为学号、姓名、性别、出生年月和籍贯，如果在字段名表括号前有"FREE"子句，那么创建的是自由表

3. 给"学生.dbf"表添加三条记录

INSERT INTO 学生（学号，姓名，性别，出生年月） VALUES('1002014002',;
'王琪','女',{^2001−06−18})

&& 上一句的作用是给学生表插入记录，VALUES 表示字段的值，注意字段类型的书写规则

INSERT INTO 学生（学号，姓名，性别，出生年月） VALUES('1002014078',;
'李婧','女',{^2001−03−29})

INSERT INTO 学生（学号，姓名，性别，出生年月） VALUES('1002014108',;
'赵云锋','男',{^2000−12−09})

> **技巧提示：**
>
> SQL 命令比较长，可分行输入，方法是如果一行命令输入不完，可在命令适当字句后输入英文分号";"，然后把光标直接下移一行（不要回车）再输入下一行命令，输入完该命令所有的语句后，仔细检查确定无误后，光标移到命令末尾回车执行命令即可。
>
> 如果要输入的新命令和前面的命令类似，可以修改前面正确命令的参数或变量，然后直接回车即可完成新命令的输入。

四、SQL 语句建立"教师"数据库表并输入记录

1. 教师表

CREATE TABLE 教师 （教师号 c(6)，姓名 c(8)，性别 c(2)，出生年月 D，职称 c(10)）

2. 给"教师.dbf"表添加四条记录

INSERT INTO 教师（教师号，姓名，性别，职称） VALUES('000001','张长工','男','副教授')

INSERT INTO 教师（教师号，姓名，性别，职称） VALUES('000002','马静','女','教授')

INSERT INTO 教师（教师号，姓名，性别，职称）VALUES('000003','秦莉','女','讲师')

INSERT INTO 教师（教师号，姓名，性别，职称）VALUES('000004','何峰','女','副教授')

五、SQL 语句建立"课程"数据库表并输入记录

1. 课程表

CREATE TABLE 课程（课程号 c(10),课程名 c(18),学分 N(2)）

2. 给"课程.dbf"表添加四条记录

INSERT INTO 课程(课程号,课程名,学分)　VALUES('240001','统计学',4)

INSERT INTO 课程(课程号,课程名,学分)　VALUES('240002','数据库原理与应用',3)

INSERT INTO 课程(课程号,课程名,学分)　VALUES('240003','基础会计',4)

INSERT INTO 课程(课程号,课程名,学分)　VALUES('240004','电子商务',3)

六、SQL 语句建立"选课"数据库表并输入记录

1. 选课表

CREATE TABLE 选课　（学号 c(10),课程号 c(10),成绩 N(5,1)）

2. 给"选课.dbf"表添加八条记录：

INSERT INTO 选课(学号,课程号,成绩)　VALUES('1002014002','240001',86)

INSERT INTO 选课(学号,课程号,成绩)　VALUES('1002014002','240002',78)

INSERT INTO 选课(学号,课程号,成绩)　VALUES('1002014002','240003',90)

INSERT INTO 选课(学号,课程号,成绩)　VALUES('1002014002','240004',70)

INSERT INTO 选课(学号,课程号,成绩)　VALUES('1002014078','240001',78)

INSERT INTO 选课(学号,课程号,成绩)　VALUES('1002014078','240002',91)

INSERT INTO 选课(学号,课程号,成绩)　VALUES('1002014078','240003',86.5)

INSERT INTO 选课(学号,课程号,成绩)　VALUES('1002014078','240004',79.6)

INSERT INTO 选课(学号,课程号,成绩)　VALUES('1002014108','240001',63)

INSERT INTO 选课(学号,课程号,成绩)　VALUES('1002014108','240002',51)

INSERT INTO 选课(学号,课程号,成绩)　VALUES('1002014108','240003',59)

INSERT INTO 选课(学号,课程号,成绩)　VALUES('1002014108','240004',63)

七、SQL 语句建立"授课"表数据库并输入记录

1. 授课表

CREATE TABLE 授课　（课程号 c(10),教师号 c(6),人数 N(3)）

2. 给"选课.dbf"表添加四条记录

INSERT INTO 授课(课程号,教师号,人数)　VALUES('240001','000002',140)

INSERT INTO 授课(课程号,教师号,人数)　VALUES('240002','000001',110)

INSERT INTO 授课(课程号,教师号,人数)　VALUES('240003','000004',150)

INSERT INTO 授课(课程号,教师号,人数)　VALUES('240004','000003',110)

建立完这 5 个数据库表后检查一下是否正确。方法步骤是：单击菜单"文件"→"打开"，文件类型选择"数据库"，选择"成绩管理库.BDC"→"确定"。打开"成绩管理库"数据库后检查数

据库中的数据表是否完整、字段是否正确,在每个数据表上单击右键,选择"浏览"观察记录是否正确,如果存在错误必须修改。正确的结果如图 2-3-1 所示。

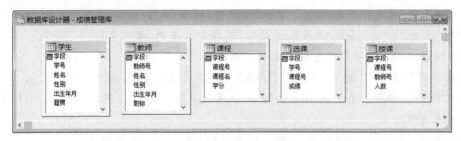

图 2-3-1

八、SQL 查询显示多表记录

(1)查看不同表中相关信息。

实验要求:从数据库"成绩管理库"中查询学生选修"统计学"课的相关记录,查询结果中要显示学号、姓名、选修的课程名、选修的课程编号和成绩。

根据本实验要求分析可知,本次查询涉及的数据表有"学生""选课"和"课程"三个表,那么 SQL 命令如下:

SELECT 学生.学号,学生.姓名,课程.课程名,选课.课程号,选课.成绩;

&& 要显示的字段名

FROM 学生,选课,课程;&& 字段来源于三个表

WHERE 学生.学号 = 选课.学号 AND 选课.课程号 = 课程.课程号 AND;

&& 三个表之间的关系

选课.课程号 = "240001" AND 课程.课程号 = "240001"

&& 设定选修课的课程号是"统计学"

也可以使用关联字句完成本次查询实验,命令如下:

SELECT 学生.学号,学生.姓名,选课.课程号,选课.成绩;

FROM 成绩管理库! 学生 INNER JOIN 成绩管理库! 选课 ON 学生.学号 = 选课.学号;

INNER JOIN 成绩管理库! 课程 ON 选课.课程号 = 课程.课程号;

WHERE 选课.课程号 = "240001" AND 课程.课程号 = "240001"

查询结果如图 2-3-2 所示。

学号	姓名	课程名	课程号	成绩
1002014108	赵云锋	统计学	240001	63.0
1002014078	李婧	统计学	240001	78.0
1002014002	王琪	统计学	240001	86.0

图 2-3-2

(2)查看基础会计的总分和平均分,SQL 命令如下:

SELECT SUM(成绩) AS "基础会计成绩总分",AVG(成绩) AS "基础会计成绩平均分";

FROM 选课 WHERE 课程号＝'240003' &&AS子句作用是给计算的总分和平均分起一个别名

（3）显示所有学生的学号、姓名、课程名、成绩。SQL命令如下两行：

SELECT 学生.学号，学生.姓名，课程.课程名，选课.成绩 FROM 学生，课程，选课；

WHERE（学生.学号＝选课.学号 and 课程.课程号＝选课.课程号）

&& 限制条件 WHERE 子句避免记录重复显示

（4）显示李婧的学号、姓名、课程号、课程名、成绩、学分。SQL命令如下三行：

SELECT 学生.学号，学生.姓名，课程.课程号，课程.课程名，课程.学分，选课.成绩；

&& 显示的字段名

FROM 课程 INNER JOIN 选课 ON 课程.课程号 ＝ 选课.课程号；

&& 表之间的链接条件为 INNER JOIN"内连接"

INNER JOIN 学生 ON 选课.学号 ＝ 学生.学号 WHERE 学生.姓名 ＝ "李婧"

&& 显示条件的限制

（5）显示所有学生的学号、姓名（显示为：学生姓名）、课程号、课程名、成绩、学分和教师姓名（显示为：教师姓名）。SQL命令如下四行：

SELECT 学生.学号，学生.姓名 as "学生姓名"，课程.课程名，选课.成绩，课程.学分；

教师.姓名 as "教师姓名" FROM 学生，选课，课程，授课，教师；

&& 字段来源于四个表

WHERE（授课.教师号 ＝ 教师.教师号 and 课程.课程号 ＝ 授课.课程号；

&& 限制条件多个

and 选课.课程号 ＝ 课程.课程号 and 学生.学号 ＝ 选课.学号）

&& 条件之间是"与"关系

（6）显示学生的学号、姓名、所选课程号、课程名和成绩，但成绩要大于80分。SQL命令如下三行：

SELECT 学生.学号，学生.姓名，选课.课程号，课程.课程名，选课.成绩；

FROM 学生 INNER JOIN 选课 ON 学生.学号＝选课.学号 INNER JOIN 课程；

ON 选课.课程号 ＝ 课程.课程号 WHERE 选课.成绩 ＞ 80

&& 字段名来源于三个表，表间内连接

SELECT 学生.学号，学生.姓名，选课.课程号，选课.成绩；

&& 显示字段名

FROM 学生 INNER JOIN 成绩管理库！选课 ON 学生.学号＝选课.学号；

&& 两个表间内连接

INNER JOIN 成绩管理库！课程 ON 选课.课程号 ＝ 课程.课程号；

&& 两个表间内连接

WHERE 选课.成绩 ＞ 80

&& 条件：成绩大于 80

（7）查看教师代课情况，要求显示教师号、教师名、职称、课程号、课程名和授课人数，并将查询结果保存到"教师代课表.dbf"表中 。SQL命令如下四行：

SELECT 教师.教师号，教师.姓名，教师.职称，授课.课程号，课程.课程名，授课.人数；

&& 显示字段名

FROM 教师 INNER JOIN 授课 ON 教师.教师号 ＝ 授课.教师号；

&& 字段来源及表间关系

INNER JOIN 课程 ON 授课.课程号 ＝ 课程.课程号；

&& 字段来源及表间关系

INTO TABLE 教师代课表.DBF

&& 输出结果到教师代课表

因为将查询结果输出到磁盘文件"教师代课表.DBF"中了，所以屏幕上不显示查询结果。

(8)将"教师代课表.DBF"表转换为 Excel 电子表格，文件名称为教师代课情况表。

USE 教师代课表

&& 先打开教师代课表

COPY TO 教师代课表情况.XLS TYPE XLS

&& 再导出数据表为 Excel 电子表格

学生可以用 Excel 软件直接打开本次实验目录下的"教师代课表情况.XLS"文件查看结果。

九、使用设计器进行查询操作

实验要求：使用查询设计器建立一个"王琪学生成绩查询文件"。要求输出的字段有：学号、姓名、性别、课程编号、课程名和成绩。查询文件保存为"王琪成绩查询"。操作步骤如下。

1.建立查询文件

方法有两种，实验任何一种都可以。

菜单建立查询文件的方法是：单击菜单"文件"→"新建"→"查询"→"新建"→"新建查询"。

用命令建立查询文件的方法是：CREATE QUERY。

此时弹出对话框如图 2-3-3 所示。

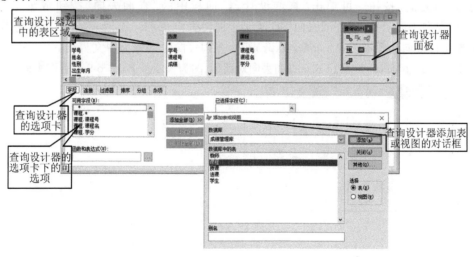

图 2-3-3

2.添加数据表

在"添加表或视图"对话框中显示当前目录下的数据库及其数据库表，如果要选择自由表可单击"其他"后再选择，如果要选择"视图"可单击"视图"后选择视图文件。

本次实验用数据库"成绩管理库"中的数据表,需要的表文件分别是"学生""选课"和"课程"三个数据表。方法是选择表"学生"后单击"添加",弹出表间的链接条件对话框,选择默认的第一个 Inner Join(内连接),点击"确定"。然后用同样方法添加"选课"和"课程"表。最后关闭"添加表或视图"对话框。

3. 根据实验要求新选择添加一些字段

在查询设计器的"字段"选项卡,选定并添加要显示的字段,完成添加字段如图 2-3-4 所示。

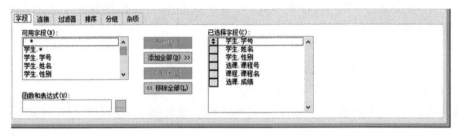

图 2-3-4

4. 设置查询条件

如果要对查询结果要限制条件,可单击查询设计器的"过滤器",然后在字段中选择"学生.姓名",在"标准"中选"="号,在"实例"中输入"王琪"。

5. 设定查询去向

要设计查询去向必须打开查询文件且查询设计器窗口为当前窗口。查询文件打开后在 Visual FoxPro 系统中会出现"查询"菜单,查询设计器大窗口的小"查询设计器"中最后一个按钮也是"查询去向"按钮。可单击"查询设计器"面板中的"查询去向"按钮或单击菜单栏"查询"→"查询去向",打开"查询去向"工具设计查询去向。Visual FoxPro 9.0 汉化不彻底,为英文界面且去向选项不多,Visual Foxpro 6.0 查询去向对话框为中文界面。

图 2-3-5 为 Visual FoxPro 6.0 查询去向对话框,图为 Visual FoxPro 9.0 查询去向对话框。

图 2-3-5

6. 保存查询文件

单击菜单"保存"按钮,保存的文件名为"王琪成绩查询"。

7. 运行查询文件

要显示查询文件的查询结果,需要运行查询文件。方法一是在打开查询文件且为当前窗

— 34 —

口时,单击工具栏中"!"运行按钮可显示查询结果。方法二是在命令窗口输入命令:

　　DO 王琪成绩查询.qpr　　　&& 可获得查询结果

运行查询文件后显示的是一个浏览表格,我们无法修改查询结果中的数据。

8. 查询文件的 SQL 命令的查看

查询文件实际上记录的是一段 SQL 命令,单击"查询设计器"面板中的"SQL"按钮可以显示当前查询文件的 SQL 命令。

十、使用设计器进行视图操作

实验要求:使用视图设计器建立一个学生选课情况视图表。要求输出的字段有:学号、姓名、课程号、课程名、教师名和教师职称。视图表保存为"学生选课情况"。首先打开数据库"成绩管理库",然后进行以下操作。

1. 建立视图文件

方法有两种,实验任何一种都可以。

菜单建立查询文件的方法是:单击菜单"文件"→"新建"→"视图"→"新建"→"新建视图"。

用命令建立查询文件的方法是:CREATE VIEW。

2. 视图设计器的操作

视图设计器的操作和查询设计器的操作基本一样,区别一是在视图设计器选项卡中比查询设计器的选项卡多了一个"更新条件",在"视图设计器"面板内少了一个"查询去向"按钮。在弹出的视图中选择"学生""选课""课程""授课"和"教师"四个数据表,连接关系都默认第一个 Inner Join(内连接)。不过这样做会造成学生表中的姓名和教师表的姓名也建立内连接,显然不合理,可单击视图设计器中的学生表,选中"姓名"后的连接线使其变粗,然后按键盘上"Delete"键删除这个关联。另外,授课表和教师表如果没关联,可选中授课表中的"教师号"拖动到教师表中的"教师号"上使其建立关联。在字段选项卡中选中添加要显示的字段,单击"更新条件"选项卡可设置更新的表或记录条件,最后的视图设计如图 2-3-6 所示。

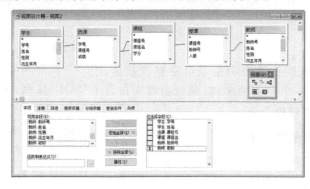

图 2-3-6

3. 保存视图虚拟表

单击菜单"保存"按钮,保存视图为"学生选课情况"。

注意:现在我们查看本次实验目录,并没有"学生选课情况"文件,但在"成绩管理库"中多了一个"学生选课情况"虚拟表,如图2-3-7所示。由此说明查询和视图的一个区别:视图不是一个独立的文件。

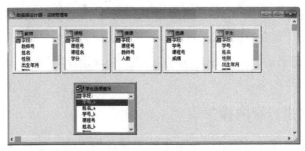

图2-3-7

4. 显示视图结果

要显示视图表结果,需要运行视图。第一种方法是在编辑视图的时候,可单击菜单中"查询"→"运行查询"或单击工具栏中的"!"("运行")按钮,可运行显示该视图的结果。第二种方法是先打开数据库,双击视图文件可显示视图结果。第三种方法是在命令窗口输入命令:

USE 学生选课情况 或 SELECT 学生选课情况 &&打开学生选课情况视图表

BROWSE

&& 浏览显示学生选课情况视图结果。也可以用无格式命令 LIST 和 DISP ALL 显示

运行"学生选课情况"视图或用 BROWSE 命令浏览结果,如图2-3-8所示。

学号	姓名	课程号	课程名	教师号	职称
1002014002	王琪	240001	统计学	000002	教授
1002014002	王琪	240002	数据库原理与应用	000001	副教授
1002014002	王琪	240003	基础会计	000004	副教授
1002014002	王琪	240004	电子商务	000003	讲师
1002014078	李婧	240001	统计学	000002	教授
1002014078	李婧	240002	数据库原理与应用	000001	副教授
1002014078	李婧	240003	基础会计	000004	副教授
1002014078	李婧	240004	电子商务	000003	讲师
1002014108	赵云锋	240001	统计学	000002	教授
1002014108	赵云锋	240002	数据库原理与应用	000001	副教授
1002014108	赵云锋	240003	基础会计	000004	副教授
1002014108	赵云锋	240004	电子商务	000003	讲师

图2-3-8

注意:我们可以直接在视图浏览表格中修改数据。说明视图和查询还有一个很大的区别,那就是视图可以修改表记录,而查询不可以。

5. 视图的 SQL 命令的查看

视图貌似是个表,但它是一张虚拟表,实际上记录的是一段 SQL 命令。打开数据库后,再在视图表上单击右键,选择"修改",弹出视图设计器,单击"视图设计器"面板中的"SQL"按钮可以显示当前视图的 SQL 命令。

注意:视图是一个虚拟表,不可以直接复制,当其他数据基表的数据改变后,视图所浏览到的数据会自动改变。

技巧提示:

在查询设计器子窗口单击"SQL"按钮,或单击菜单"查询"→"查看 SQL(V)",可以查看到查询设计器实际上是执行了一个 SQL 命令,用记事本打开查询文件发现查询文件实际上是一个 SQL 命令。启示:如果有一个非常复杂的 SQL 命令难以正确执行,我们可以先用查询设计器方便地设计好,然后查看 SQL,复制出 SQL 命令即可。

十一、撰写实验报告

撰写一份本次实验报告,实验报告中必须有本次实验多个设计、浏览结果、查询结果和视图结果的截图,且不少于 6 个。

项目四　结构化程序设计

【**实验类型**】设计型。

【**实验学时**】4课时。

【**实验目的**】

1. 学习分析程序功能与实现方法,初步学会流程图的描绘程序数据流程。

2. 学习通过字体、字号、字色、线条、图形和窗口美化程序操作界面的设计方法。

3. 学习并掌握结构顺序程序的分析、设计与代码编写。

4. 学习并掌握分支结构程序的分析、设计与代码编写,正确使用逻辑运算符、逻辑表达式和比较表达式编写有关分支结构程序。

5. 学习并掌握循环结构程序的分析、设计与代码编写。

6. 学习并掌握主程序和子程序的设计与调用,掌握结构化程序设计菜单的设计方法。

【**实验准备**】

1. 复习 Visual FoxPro 结构化程序设计的有关知识。

2. 认真复习 IF…ELSE…ENDIF、DO WHILE…ENDDO、FOR…ENDFOR、SCAN…ENDSCAN 等分支语句和循环语句的语法和编程方法。

3. 理解各种流程图的含义,掌握流程图的画法。

4. 必须有实验项目二制作的数据表,提前预习本次实验内容。

一、建立实验文件夹设置实验环境

学生须在 D 盘建立一个文件夹,文件夹的名字为"×××班×××实验四"。×××表示学生的班级和姓名。

将实验二目录下所有的文件复制到本次实验目录下。

修改默认目录为自己本次实验的新文件夹,方法与实验项目一相同。

二、顺序结构程序设计

1. 程序功能说明

该程序为顺序结构,设置运行环境,美化屏幕,控制显示位置和字色,允许用户输入"姓名""性别""成绩"和"党员否"四个变量数据,然后在一个方框内显示输入结果。

2. 程序要求

将本程序保存到 D 盘用户本次实验的目录下,程序名为:×××程序练习一,×××是学生的姓名。该程序界面要美观,字体、字色、字号和显示位置要合适。

3. 程序流程图

该程序流程如图 2-4-1 所示。

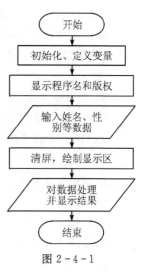

4. 程序建立方法

方法一：选择"文件"→"新建"→"程序"→"新建文件"，然后在程序文件编辑窗口内编辑程序。

方法二：单击工具栏第一个按钮"新建"→"程序"→"新建文件"，然后在程序文件编辑框内编辑程序。

方法三：在命令窗口输入"MODIFY COMMAND"，并回车，然后在程序文件编辑框内编辑程序。

方法四：如果是项目中的程序可单击项目管理器中的"代码"→"新建"，然后在程序文件编辑框内编辑程序。

今后编写程序的步骤同上，不再赘述。

注意：在编写代码或在运行程序时将本实验程序文件名保存为"×××程序练习一"。也可以在新建程序文件后直接单击菜单"文件"→"另存为"，保存该程序保存到 D 盘学生自己本次实验的目录下，程序名按实验要求命名。

图 2-4-1

5. 程序代码

程序中英文命令和函数可以不分大小写，但为了方便学生看清，都用了大写。程序中的英文引号要成对使用，程序内标点符号必须是英文，但在一对英文引号内可以使用中文和中文标点符号。

实验时所有 && 后的注释性文字不需要输入。

如果命令或函数长度大于一行时用英文分号（；）分割成多行书写。实验操作时请注意多行命令函数的输入。

SET COLO TO ＋4/1　&& 设置字色和背景色

CLEAR　&& 用背景色清屏

XM＝SPACE(8)

&& 定义变量名为 XM，赋值为 8 个空格，用于存储"姓名"值

XB＝"T"　&& 定义性别变量名为 XB，默认值为 T

CJ＝0

&& 定义一个数值型变量 CJ，赋值为 0，用于存储"成绩"值

DYF＝.F.

&& 定义一个逻辑型变量，变量名为 DYF，赋值为假值.F.，用于存储"党员否"值

@2,28　SAY "输入并显示学生成绩程序" FONT "隶书"，20

&&　SAY 显示命令的坐标位置计量单位是行列，不是像素

@4,20　SAY "××××设计，版本号 2019　严禁盗版；"FONT "隶书"，20

&& 上一句命令是版权声明

@10,30　SAY "请输入学生姓名：" FONT "隶书"，20；

GET XM　FONT "隶书"，20

@13,10　SAY "选择学生的性别：T/F(T 为"男"；F 为"女")"；

> **技巧提示：**
> setcolo to ＋4/1 命令中的"4"表示字色，"1"为背景色。数字取值范围：0—15，用＋号表示加强色，＊号表示闪烁。@命令后的两个数字表示光标的起始坐标点。

> **技巧提示：**
> @ 10，15，10，80 box 命令是画一个四方形，"10,15"表示左上角坐标，"10,80"表示右下角坐标，坐标单位是像素。

```
FONT "隶书", 15 ;
    GET XB VALID UPPER(XB)="T" .OR. UPPER(XB)="F" FONT "隶书", 15
    && 上句中子句 VALID 表示数据的有效性,UPPER()转换为大写
    @15,10   SAY "请输入该学生的成绩(0——150):"FONT "隶书", 20 ;
    GET CJ VALID CJ>0 RANGE 0,150   FONT "隶书", 20
    && 上句中子句 VALID 表示数据的有效性,RANGE 限定数据的范围
    @17,10   SAY "该学生是否为党员? T/F(T 为"是";F 为"否")" FONT "隶书", 15 ;
    GET DYF FONT "隶书", 15
    READ
    && 此命令单独一行,功能为激活 GET 命令,读取用户输入,并把输入的数据赋给 GET 后的变量
    SET COLO TO +2/1     && 设置文字和画方框的前景色为绿色加强色
    @8,10 CLEA TO  20,150     && 局部清屏,保留顶部软件名和版权声明
    注意清屏起止点单位为像素
    @7,25   SAY "您输入的情况如下:" FONT "隶书", 20
    @10,15 ,15,85   BOX  && 画一个方框 ,注意清屏起止点单位为像素
    @12,24   SAY "姓名     性别   成绩       党员否"      && 显示成绩表头
    @13,24   SAY XM     && 显示姓名变量 XM 的值
    @13,36   SAY IIF(XB="T","男","女")     && 如果(XB)值为"T",显示"男",否则显示"女"
    @13,42   SAY CJ    && 显示成绩变量 CJ 的值,学生修改显示位置
    @13,54   SAY IIF(DYF,"是","否")     && 如果 DYF 的值为.T.,显示"男",否则显示"女"
    WAIT   ""      && 显示等待,按任意键结束
    RETURN     && 结束并返回
```

注意:此程序中的@8,22   SAY IIF(XB="T","男","女")和@8,50   SAY IIF(DYF,"是","否")两个函数带有判断分支语句的特点。

(6)运行调试程序。输入数据调试程序,使程序显示自己的姓名、性别、成绩和党员是否,表头对齐,运行效果正确美观。必须修改版权声明,"××××"为学生自己的班级和自己的姓名,"2019"改为本年度日期。

三、分支结构程序设计

分支结构也称选择结构程序,实际上就是根据条件选择执行不同的语句的程序结构。Visual FoxPro 中的选择结构语句使用 IF…ENDIF、IF…ELSE…ENDIF 和 DO CASE…ENDDOCASE 来实现。

1. 程序功能说明

该程序为分支结构,设置运行环境,美化屏幕,控制显示位置和字色,允许用户输入年份数据,然后分析年份数据是否是闰年,并将判断结果输出显示出来。

判断闰年的算法是如果年份数据能被 400 整除,或者年份数据能被 4 整除但不能被 100 整除的就是闰年。

2.程序要求

将本程序保存到 D 盘本次实验的目录下,程序名为"×××程序练习二"×××是学生的姓名。该程序界面要美观,字体、字色、字号和显示位置要合适。

3.程序流程图

该程序流程如图 2-4-2 所示。

4.程序代码

程序代码如下:

```
CLEAR      && 清屏
SET  COLOR  TO +2/1  && 设置画大框颜色为绿色加强色
@1,20 ,16,148 BOX
&& 画一个大点的框(外框),注意方框的左上角和右下角大小
SET  COLOR  TO +4/1   && 设置画小一点方框颜色为红色加强色
@5,24 ,14,144 BOX
&& 画一个小一点的方框(内框),注意方框的左上角和右下角大小
@2,40  SAY "闰年判断程序"    FONT "隶书", 20
NYEAR=000000 && 定义变量并赋值
@6,55  SAY "请输入年份:" FONT "隶书", 20 GET ;
NYEAR FONT "隶书", 20
@10,30  SAY "×××设计,版本号 2019  严禁盗版"     FONT "隶书", 20
&& 版权声明,×××为你的姓名,"2019"改为当前日期
READ
SET COLO TO +2/1
IF MOD(NYEAR,4)=0.AND.MOD ;
(NYEAR,100)<>0.OR.MOD(NYEAR,400)=0
@7,40  SAY  "亲爱的:"+ALLTRIM(STR(NYEAR))+;
"年是闰年"  && 学生修改显示位置和字体字号
    && 上句命令中的 ALLTRIM(STR(NYEAR)) 作用是将用户输
入的年份转换为字符并取消左右空格
ELSE
@6,30  SAY "亲爱的:"+ALLTRIM(STR(NYEAR))+ ;
"不是闰年"  && 学生修改显示位置和字体字号
ENDIF
WAIT   ""     && 显示等待,按任意键结束
RETURN    && 结束并返回
```

5.运行调试程序

输入年份数据调试自己的程序,使程序名称居中,输入年份的位置左移到适当位置,闰年

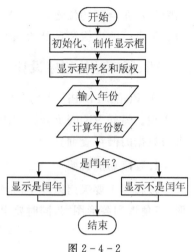

图 2-4-2

技巧提示:

在 Visual FoxPro 运行程序时,默认显示和输入的窗口在 Visual FoxPro 主窗口中,通常情况下程序文件编辑窗口会遮挡住显示区,故在运行程序前可将程序文件窗口移到下方或变小一些再运行程序。

判断显示在合理的位置,且字体变大,达到运行效果正确美观。必须修改版权声明,"×××"为学生自己的班级和自己的姓名,"2019"改为当前日期。

四、循环结构程序设计

在 Visual FoxPro 中的循环结构语句使用 FOR…ENDFOE、DO WHILE…ENDDO 语句来实现。另外 Visual FoxPro 中还有一个循环结构语句 SCAN…ENDSCAN,它实际上用于对表格数据的循环查询。

1. 程序功能说明

该程序主要采用循环结构,实现用同某种字符在屏幕上用不同的颜色在屏幕上显示出矩形、三角形和菱形图案,同时要求屏幕效果要美观。初始效果如图 2-4-3 所示。

图 2-4-3

2. 程序要求

将本程序保存到 D 盘自己本次实验的目录下,程序名为"×××循环结构程序练习",×××是学生的姓名。该程序界面要美观,字体字色字号和显示位置要合适,锯齿状书写代码,可以改变显示的符号。

3. 程序流程图

矩形字符图案程序流程如图 2-4-4 所示,三角形和菱形流程图学生思考。

4. 程序代码

程序代码如下:

```
SET COLOR TO +4/2
CLEA
HANG=1    && 定义行变量并赋值
LIE=1     && 定义列变量并赋值
@2,3  SAY "矩形显示★号图案"
&& 上一句显示标题性提示语,要求学生变换成其
他汉字符号
FOR HANG=1 TO 6   && 外循环 6 次,图案共 6 行
    FOR LIE=1 TO 12 STEP 2   && 内循环 12 次
```

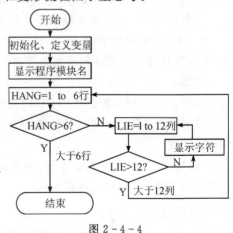

图 2-4-4

&& 步长为 2 是为了显示双字节的 ★号,学生变换成其他汉字符号

   @5＋HANG,2＋LIE SAY "★"   && 变换行列显示字符

  ENDFOR   && 结束内循环

ENDFOR   && 结束外循环

SET COLOR TO ＋1/2

@2,26 SAY "三角形显示＊号图案" && 这是标题性提示语,学生可变换成其他英文符号

  FOR HANG＝1 TO 6

    FOR LIE＝1 TO HANG

      FOR WEI＝1 TO HANG   && 变量 WEI 表示位置,步长默认为 1,可显示 1 个英文

        @5＋HANG,35＋LIE－WEI SAY "＊"   && 学生可变换成其他英文符号

      ENDFOR

    ENDFOR

  ENDFOR

SET COLOR TO ＋14/＊7   && 学生可变颜色值

@2,88 SAY "菱形显示＊号图案" && 这是标题性提示语,学生可变换成其他英文符号

FOR HANG＝1 TO 6

    FOR LIE＝1 TO HANG

      FOR W＝1 TO HANG

        @5＋HANG,95＋LIE-W SAY "＊"

      ENDFOR

    ENDFOR

  ENDFOR

&& 以上显示上半部分图案,下面几句显示下半部分图案

FOR HANG＝1 TO 6

    FOR LIE＝1 TO 6－HANG

      FOR W＝1 TO 6－LIE－HANG＋1

        @11＋HANG,95－LIE＋W SAY "＊"

      ENDFOR

    ENDFOR

ENDFOR

@20,30 SAY "×××设计,版本号 2020 严禁盗版" font "隶书",30

WAIT   ""   && 显示等待,按任意键结束。

RETURN   && 结束并返回

实验选作:菱形实际是由两部分合成的,上部分正三角形 6 行 6 列,下部分是倒三角形,也是 6 行 6 列。试着将菱形程序中数值 6 改为 16,看看效果,想一想为什么会这样。

5.运行调试程序

修改版权中的姓名和日期,调试程序,使自己的程序运行效果正确美观。

五、循环动画程序设计

1. 程序功能说明

该程序使用分支结构和循环结构,实现一段文字从左到右连续移动且不断变大的动画效果,当动画完成后,能让用户选择继续还是退出,如果用户选择继续,那就要求用户输入新的动画文字,重新开始文字动画,否则就退出。

2. 程序要求

将本程序保存到D盘学生自己本次实验的目录下,程序名为"×××的动画",×××是学生的姓名。该程序界面要美观,字体、字色、字号和显示位置要合适,锯齿状书写代码。

3. 程序流程图

矩形字符图案程序流程如图2-4-5所示。

4. 程序代码

程序代码如下:

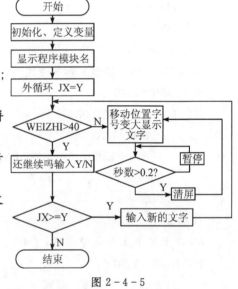

图2-4-5

```
CLEAR   && 清屏初始化
@2,30 SAY "×××设计的一个动画" FONT "隶书",;
40 COLOR ＋4/1   &&×××是学生的姓名
WEIZHI＝1   && 定义一个变量 WEIZHI(位置的拼
音简写),赋初值为 1
ZIHAO＝1   && 定义一个变量 ZIHAO(字号的拼
音简写),赋初值为 1
DHNR="陕西理工大学欢迎您!"   && 动画内容文
字变量 DHNR,可以修改为其他文字
JX="y"   && 定义 jx(继续)循环变量初值为 y
DO   WHILE JX＝"Y" .OR. JX＝"y"
&&do while 是大循环条件
    FOR WEIZHI＝1 TO   40
&&   FOR 循环,变量 A 控制显示文字的位子、文字字体大小和动画的次数
    SET COLOR TO ＋4/2
@7,1＋WEIZHI SAY ALLTRIM(DHNR);
FONT "楷体",28＋ZIHAO
&&   动画起点第 7 行第 1 列,去掉文字左右空格
&&   控制动画速度可以用 WAIT 命令,该命令简单但会显示光标,不美观,因此本程序不用
&&   WAIT   ""   TIME   0.1 表示延时 0.1 秒,或者 WAIT   ""   WIND TIME 0.1。WAIT 命令后的引号是为了隐藏等待窗口
&& 本程序用以下 4 行语句延时,功能是控制动画速度
T＝SECONDS()   && 获取计算机的秒数
    DO WHILE   SECONDS()－T＜0.2
&& 循环语句再次获取计算机秒数减去刚才获取的秒数小于 5 秒,相当于延迟 0.2 秒后
```

44

```
        DOEVENTS        && 激活时钟
ENDDO       && 结束获取系统秒数 DO 循环——即结束延时
@6,1 CLEA TO 40,160
&& 局部清屏起点要小于动画的起点,保留程序名
ENDFOR      && 结束 FOR 循环——即结束本次文字动画
&& 下一句要用户输入是否继续 Y/N,默认继续 Y
@10,30 SAY "您好要继续吗? 请选择(Y/N)";
FONT "楷体",28 GET JX FONT "楷体",28
READ    && 读取用户的输入
IF   JX="Y"   .OR. JX="y"
&& 如果用户输入大写 Y 或者是小写 Y 即想继续玩动画
        DHNR=SPACE(10)      && 给变量 DHNR 赋予 10 个空格,便于用户输入动画文字
        @14,30 SAY  "请输入动画文字"  FONT "楷体",28 ;
        GETDHNR VALID LEN(ALLTRIM(DHNR))>0   FONT "楷体",28 ;
        && 上一句要求输入的文字去除空格后长度不能是 0 ;
        READ    && 读取用户的输入
        @6,1 CLEA TO 40,160        && 局部清屏,保留程序名,准备新的动画
        ELSE    && 如果用户输入的不是 Y
        SET   COLOR   TO   +0/ * 7    && 恢复屏幕默认颜色
        CLEAR   && 清屏,恢复屏幕状态
ENDIF   && 结束分支判断
ENDDO   && 结束外部大循环
RETURN   && 结束并返回
```

<table>
<tr><td>

技巧提示:

　　此动画的原理是:显示→延时→清除→再移动位置变大字体→再显示,如此反复实现动画效果。变量a控制字号大小。

</td></tr>
</table>

5. 运行调试程序

运行调试自己的程序,输入不同的显示文字测试程序,使自己的程序运行效果正确美观。

六、口令验证程序设计

1. 程序功能说明

该程序主要是为了给实验项目四准备一个口令验证程序,是后续主程序的子程序。本程序模拟一个窗口,允许登录用户代输入密码,且输入时密码不可见,如果用户输入的密码是 6 个 8,那么显示欢迎词,否则显示非法用户,关闭程序。

2. 程序要求

将本程序保存到 D 盘学生自己本次实验的目录下,程序名为"XX 验证口令",×××是学生的姓名。该程序中的框线位置、字体、字色、字号和显示位置需要调整,达到美观,要锯齿状书写代码。

3. 图案流程图

矩形字符图案程序流程图如图 2-4-6 所示。

4. 程序代码

程序代码如下：

CLEA

ZQKL="888888"

&& 定义一个变量 ZQKL（正确口令的汉语拼音简写），赋值 6 个 8

KL=SPACE(6)

&& 定义一个变量，变量名为 KL，赋值为 6 个空格

CLEAR

&& 清屏，下面四句命令制作虚拟窗口

SET   COLOR   TO   +2/1

&& 设置画大框颜色为绿色加强色

@1,20 ,22,128 BOX

&& 画一个大点的框（外框），注意方框的左上角和右下角大小

SET   COLOR   TO   +4/1

&& 设置画小一点方框颜色为红色加强色

@3,24 ,20,124 BOX

&& 画一个小一点的方框（内框），注意方框的左上角和右下角大小

@6,35   SAY "请输入口令 " FONT "隶书",30 COLO +11/4 ;

GET KL FONT "隶书",28   COLO   0/0,0,0

&& 学生修改位置，达到美观合理

READ

SET COLOR TO +2/4

@10,26 CLEAR TO 16,118 BOX   && 局部清屏画一个实心矩形框，学生修改位置，达到美观

IF   KL==ZQKL

&& 如果输入的口令 KL 变量值完全等于正确口令 ZQKL 的值

FOR   A=1 TO   28   && 不清屏循环动画，技巧是文字的底色与该区域的底色一样，学生修改位置和字号，达到美观

@12,74—A SAY   "正合法用户，欢迎使用！   " ;

FONT "楷体",24

&& 输入"正"时按住 Alt 键再点击数字键盘43337

@0,0 SAY ""   && 将光标移动到屏幕左上角达到隐藏光标的作用，使动画美观

WAIT   "" WINDOW   TIMEOUT (0.2)   && 延迟 0.2 秒，控制动画速度

ENDFOR

ELSE   && 如果输入的口令 KL 变量值不等于正确口令 ZQKL 的值

FOR   A=1 TO   30   && 不清屏循环动画，学生修改位置和字号，达到美观

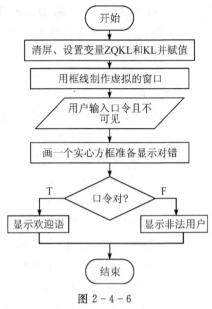

图 2 - 4 - 6

技巧提示：

输入口令时看不到输入的字符文字是因为这个参数子句：colo 0/0,0,0。它使得前景色（字色）和背景色都是黑色，故当输入密码时看不到密码。

　　@12,72－A SAY　"╳非法用户,不得进入!　"FONT "楷体",24

&& 输入"╳"时按住 Alt 键再点击数字键盘 43127

@0,0 SAY ""

WAIT "" WINDOW　TIMEOUT (0.2)　　&& 延迟 0.2 秒,控制动画速度

ENDFOR

　　　　　WAIT　"" WINDOW　TIME(5)　　　&& 延迟 5 秒,显示欢迎界面

SET　COLOR　TO　＋0/＊7　　&& 设置系统默认色,前景色为黑色＋0,底色 ＊7 为白色

CLEAR　&& 清屏恢复屏幕

CW＝1　&& 给 CW 变量赋值 1,后面的主程序需要

RETURN　&& 返回

CANCEL　&& 取消当前操作

ENDIF

RETURN　&& 结束并返回

(5)运行调试程序

运行调试本程序,使得矩形框大小位置合理,文字大小和显示效果正确美观。

七、九九乘法口诀表设计

1. 程序功能说明

　　本程序要求在一个标准的 Windows 窗口内显示九九乘法口诀表。字体字色、字号要美观,乘法口诀表显示在一个带阴影的矩形区,九九乘法口诀表呈现台阶式变化,初始效果图如图 2－4－7 所示。

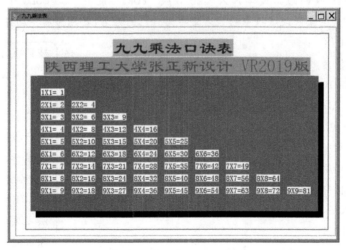

图 2－4－7

2. 程序要求

　　将本程序保存到 D 盘自己本次实验的目录下,程序名为"╳╳╳九九乘法口诀表",╳╳╳是学生的姓名。该程序中的框线位置、字体、字色、字号和显示位置需要调整,达到美观,要锯齿状书写代码。

3. 程序流程图

矩形字符图案程序流程如图2-4-8所示。

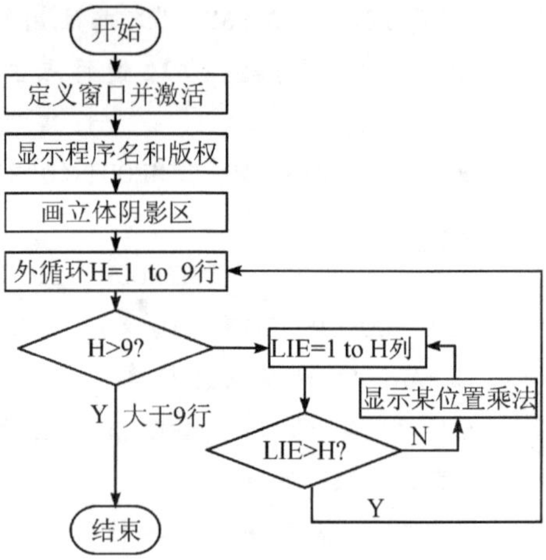

4. 程序代码

程序代码如下：

```
DEFINE WINDOWS ZZX FROM 2,2 ;
TO  40,130 TITL "九九乘法表";
FLOAT GROW MINI  ZOOM  CLOS
```

&& 上面三行是一句命令，定义一个标准的窗口。窗口名为ZZX，起点左上角坐标2,2，终点右下角坐标40,150，坐标单位是像素，窗口标题是"九九乘法表"，窗口有最小化(MINI)最大化(ZOOM)和关闭(CLOS)按钮

```
ACTIVATE WINDOWS ZZX   && 激活窗口——即显示
窗口
```

```
SET COLO TO＋2/＊7
```

&& 设置前景色绿色加强色，底色为白色。学生需修改颜色

```
@1,2 ,35,128  BOX     && 绿色加强色用画一个大方框
SET COLO TO ＋4/2       && 设置前景色红色加强色
@2,6 ,34,124  BOX     && 红色加强色用画一个小方框
@3,40  SAY "九九乘法口诀表" FONT  "隶书",30 COLO ＋11/＊13
```

&& 显示程序名，学生需修改颜色

```
@6,214  SAY "陕西理工大学×××2020版" FONT "隶书",30 COLO ＋4/＊2
```

&& 显示版权，学生需修改版权中的姓名文字为自己的姓名，日期为本年度日期，也可修改颜色

```
SET COLO TO 0/8
```

&& 设置底色值为8黑色，充当视觉上立体图的阴影

```
@10,10 CLEA TO 32, 122     && 局部清屏画一个黑色区域
SET COLO TO  3/5       && 设置底色值为3粉红色
@9,8  CLEA TO 31, 120
```

&& 局部清屏画一个粉红色区域，区域大小与黑色区域一样，但坐标上移2个像素点

&& 以下两个循环实现九九乘法口诀表的显示

```
FOR  H＝1 TO 9     && 循环语句变量H控制乘法表的行数
FOR LIE＝1 TO H
```

&& 内循环语句变量LIE控制表的列数，每一列的列数等于每行的行数

```
@9＋H＊2,LIE＊12 SAY  STR(H,1)＋"X"＋STR(LIE,1)＋;
"＝"＋STR(H＊LIE,2);
FONT "隶书",13 COLO ＋11/＊7     && 学生需修改颜色
ENDFOR
```

图2-4-8

技巧提示：

乘法表的关键算法提示：外循环9次——即9行，内循环列数随着行数而递增。为了美观显示位置行H＊2使每行之间空一行，列位置LIE＊12使每一句乘法之间相距12个字符，原因是九九乘法表最大一列有6个字符且前后要有空格隔开。

```
ENDFOR
```

5. 运行调试程序

运行调试本程序,使得矩形框大小位置合理,立体阴影显著,文字大小和显示效果正确美观。最后再将版权声明修改为"×××班×××设计",版权时间为当前年份。

八、操作数据库和表的程序设计

1. 程序功能说明

该程序主要功能是打开数据库"学生管理.dbc"及其数据表"基本情况.DBF",然后用表格形式显示记录,浏览窗口标题更人性化,只允许选择"姓名"字段记录,其他字段冻结且不允许修改记录。用户可输入要查询的学生姓名,如果查到就用无格式和表格显示查询到的记录,否则就告诉用户没有符合条件的记录。接着允许用户选择继续查询还是退出查询,如果用户还想继续查询记录,可以再次查询,直到用户不想继续查询,最后关闭表。

2. 程序要求

此实验的前提是学生自己的D盘文件下必须有"学生管理"数据库和"基本情况"表,如果没有请将原来实验二做过的文件复制过来或重新建立并输入几条记录,同时必须有一个"背景1.jpg"图片文件。

将本程序保存到D盘学生自己本次实验的目录下,程序名为"×××显示查询记录",×××是实验学生姓名。该程序界面要美观,字体、字色、字号和显示位置要合适,锯齿状书写代码。

3. 程序流程图

本程序流程如图2-4-9所示。

4. 程序代码

程序代码如下:

```
CLEAR
SET   CENTURY   ON
&& 日期显示设置为千位数显示
SET   DATE   TO   YMD
&& 设置日期显示为中文形式
_SCREEN.PICTURE="D:\×××班×××实验四\;
背景1.JPG"      && 设置屏幕背景图片
OPEN DATABASE 学生管理.DBC  && 打开数据库
USE 基本情况  && 打开数据表文件
@2,46  SAY "×××学生情况查询系统";
FONT "隶书",18 COLOR *4/2
&&×××为学生姓名
@4,50 SAY "2019年×××设计";
FONT "隶书",18 COLOR *4/2
```

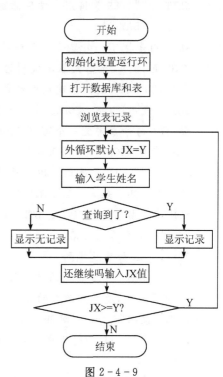

图2-4-9

```
    JX="Y"     && 定义变量继续循环 JX,赋初值 Y
    && 下面浏览命令(两行)中的"姓名"被选中,其他冻结,NOEDIT 不允许编辑,显示 5 秒后
关闭
    BROW FONT "隶书",16   TITL "学生基本情况";
    FREE "姓名" NOEDIT   TIMEOUT 5
    XM=SPACE(12)     && 姓名变量 XM 赋值 12 个空格,与姓名字段长度一致
    DO   WHILE JX="Y".OR. JX="y"
    && DO WHILE 是大循环条件
    @6,1 CLEA TO 40,130     && 局部清屏,保留程序名和版权声明
    @7,10   SAY "输入要查询的学生姓名:";
    FONT "隶书",18;
    GET XM FONT "隶书",18
    READ
    LOCATE FOR 姓名=ALLTRIM(XM)
    && 此命令按顺序查询表记录,可找到满足指定表达式的第一个记录
    IF NOT EOF()
    && 如果指针没到记录尾部,那么说明查找到这个记录了
    @9,10 SAY "查到这个学生的记录了,按任意键无格式显示!!!";
    FONT "隶书",18   COLOR +3/+4
    WAIT   ""  && 等待用户按任意键
    @11,30 SAY ""
    && 作用是把下一句显示位置移动到第 12 行
    DISPLAY   && 无格式显示找到的记录
    @18,30 SAY "按任意键表格形式显示!!!";
    FONT "隶书",18   COLOR +3/+4
    && 下一句命令定义一个窗口 JBQK,注意窗口的大小、位置和按钮
    DEFINE WINDOW JBQK FROM 26,10 TO 27,150   CLOSE
    WAIT   ""   && 等待用户按任意键
    BROWSE FOR   姓名=ALLTRIM(XM) WINDOW JBQK ;
    FONT "隶书",16   TITL ALLTRIM(XM)+"学生记录如下:"
    && 上一句命令在 JBQK 自定义窗口浏览查询到的学生信息,可以修改记录
    ELSE   && 如果没找到
    @12,5 SAY "您要查找的学生姓名是:"+ALLTRIM(XM) + ;
    ",但很抱歉,没查到此人的记录!!!";
    FONT "隶书",18   COLOR +4/1
    WAIT   ""   && 等待用户按任意键
    ENDIF
      XM=SPACE(12)   && 再次给变量 XM 空值 12,清除前次输入的学生姓名
      @6,1 CLEA TO 40,130     && 局部清屏,保留程序名和版权声明
```

> **技巧提示:**
>   程序中的命令比较长,为了印刷排版用英文分号;分作多行,学生实验时可去掉分号,输入在一行内即可。

@9,10 SAY "您要继续查询记录吗？请选择(Y/N)" FONT "楷体",18 ;

GET JX FONT "楷体",17

&& 用户输入是否继续 Y/N,默认继续 Y

READ   && 读取用户的输入

IF   JX="N" .OR. JX="n"

&& 如果用户输大写 N 或者是小写 n 即不想继续查询记录

      EXIT   && 退出循环——退出查询

ENDIF

   ENDDO   && 结束外部大循环

USE

SET   COLOR   TO   +0/＊7 && 恢复屏幕默认颜色

CLEAR   && 清屏,恢复屏幕状态

RELEASE WINDOWS JBQK   && 释放关闭 JBQK 窗口

RETURN

5. 运行调试程序

运行调试本程序,使文字大小、颜色、位置显示效果正确美观。最后再将版权声明修改为当前年份。

九、主程序设计

1. 程序功能说明

前面实验做得程序都是独立的程序,程序之间没有调用,而且大部分没有在标准的 Windows 窗口中显示,这很不方便用户使用。我们可以把这些独立的程序看作模块,再用一个主程序把它们组装起来就可以形成一个较完整的应用软件。本主程序的功能就是给这些程序设置一个共同的运行环境和窗口,只有口令正确的合法用户才可以进入系统进行操作。主程序要给用户提供一个菜单供用户选择运行不同的程序。

2. 程序要求

将本程序保存到 D 盘学生自己本次实验的目录下,程序名为"×××主程序",×××是学生的姓名。该程序中的框线位置、字体、字色、字号和显示位置需要调整,达到美观,要锯齿状书写代码。

3. 程序流程图

主程序流程如图 2-4-10 所示。

4. 主程序代码

主程序代码如下:

SET OPTIMIZE ON   && 使用优化技术

SET DELETED ON   && 不显示逻辑删除记录

SET STATUS BAR ON   && 不显示 VFP 状态条

SET   CENTURY   ON   && 日期显示设置为千位数显示

SET DATE TO ymd && 日期显示为中文形式

CLEAR ALL && 清除所有内存变量

PUBLIC CW && 定义一个公有变量(错误 CW),这个变量可以在各个子程序中起作用

CW＝0 && 给 CW 变量赋值 0,并且自定义 0 为验证口令后的正确结果

&& 下面一条命令(三行),定义了一个窗口,注意窗口大小和按钮、颜色设置

DEFINE WINDOWS ZCX FROM 2,2 ;

TO 40,160 TITL "×××主程序";

FLOAT GROW MINI CLOSE COLOR ＋4/1

ACTIVATE WINDOWS ZCX

&& 激活窗口——即显示窗口

DO ××× 验证口令

&& 首先运行口令验证子程序,会返回 CW 的值

IF CW＝1 && 如果 CW＝1,就认为口令验证出错

RELEASE WINDOWS ZCX && 关闭主程序窗口

RETURN

ENDIF

&& 如果 CW 不等于 1,就认为口令验证正确,那么就执行以下程序

DO WHILE .T.

&& 循环显示菜单,退出循环的条件是选择 0

CLEAR && 清屏

S＝SPACE(1) && 定义变量 S——用户输入的数字选项

SET COLO TO 4/2 && 设置菜单颜色,以下显示菜单选项

```
@4,50 SAY  "★★★★★菜单 ★★★★★" FONT "隶书",20
@6,50 SAY  "★    1、程序练习一    ★" FONT "隶书",20
@8,50 SAY  "★    2、程序练习二    ★" FONT "隶书",20
@10,50 SAY "★    3、显示动画      ★" FONT "隶书",20
@12,50 SAY "★    4、九九乘法表    ★" FONT "隶书",20
@14,50 SAY "★    5、字符图案      ★" FONT "隶书",20
@16,50 SAY "★    6、查询基本情况  ★" FONT "隶书",20
@18,50 SAY "★    0、退    出      ★" FONT "隶书",20
@20,50 SAY "★    请选择1—4:      ★" FONT "隶书",20
@22,50 SAY "★★★★★★★★★★★★★" FONT "隶书",20
@20,90 GET S FONT "隶书",20 &&GET 允许用户输入选项号
READ            && 必须用 READ 才可以获取用户输入的选项
```

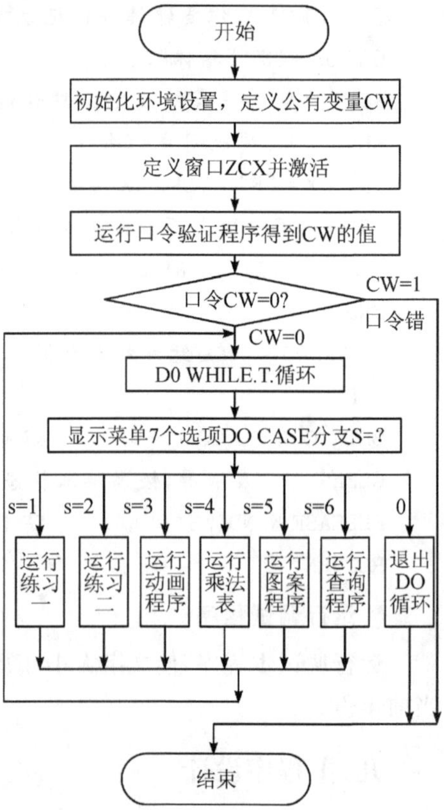

图 2-4-10

```
    DO CASE    &&DO CASE 多分支判断
CASE S＝"1"    && 如果选择 1
    DO   ×××程序练习一    && 调用程序练习一子程序,必须和自己的程序名一致
    CASE S＝"2"    && 如果选择 2
    DO ×××程序练习二    && 调用程序练习二子程序,必须和自己的程序名一致
CASE S＝"3"    && 如果选择 3
DO ×××动画.PRG    && 调用动画子程序,必须和自己的程序名一致
CASE S＝"4"    && 如果选择 4
    DO ×××九九乘法表    && 调用九九乘法表子程序,必须和自己的程序名一致
CASE S＝"5"    && 如果选择 5
    DO ×××循环结构练习    && 调用循环结构子程序,必须和自己的程序名一致
CASE S＝"6"    && 如果选择 6
    DO   ×××显示查询记录    && 调用显示基本情况子程序,必须和自己的程序名一致
CASE   S＝"0"    && 如果选择 0
    EXIT    && 如果选择 0,就结束 DO 循环,退出
ENDCASE    && 结束 DO CASE 分支判断
ENDDO    && 结束 DO 循环
RELEASE WINDOWS   ZCX    && 释放主程序窗口
RETURN
```

5. 运行调试程序

运行调试自己的程序,能完全正确调用各个程序,并且程序运行效果美观。

十、撰写实验报告

撰写一份本次实验报告。实验过程应如实记录 8 个主要的实验过程,并且实验报告中必须有本次实验多个程序运行效果截图,且不少于 8 个。

项目五　面向对象程序设计

【实验类型】设计型。

【实验学时】4课时。

【实验目的】

1.深入理解对象和类的含义,理解 Visual FoxPro 语言是如何体现面向对象编程的基本思想。

2.学习并掌握对象和类的创建,了解类的封装方法以及如何创建类和对象。

3.了解图形用户界面基本组件(窗口、按钮、文本框、选择框、滚动条等)的使用方法。

【实验准备】

1.认真复习 Visual FoxPro 理论教材中有关面向对象编程的知识,理解其概念和原理方法。

2.本次实验需要几张背景图片,例如"背景1.jpg""背景2.jpg"和"健康秤.jpg",需要提前准备好。

3.本次实验的数据库数据表来源于实验三,因此需要将实验三目录下的所有文件复制到本次实验的目录下。

4.提前预习本次实验内容,准备好数据保存的 U 盘等实验工具。

本实验是面向过程的程序设计,它是程序设计的基础。采用面向过程的程序设计也可以设计出功能效果理想的软件,但如果开发一个功能稍微复杂的软件,全部采用面向过程的设计,其难度较大,效率偏低。现代计算机语言都支持面向对象程序设计,这是非常先进的编程方法。

面向对象程序设计主要的内容是对象程序设计、类程序设计和事件程序设计。本次实验将围绕这三种设计方法逐步展开。

一、建立实验文件夹设置实验环境

首先在 D 盘建立一个文件夹,文件夹的名字为:"×××班×××实验五"。×××表示学生自己的班级和姓名。

将准备好的背景图片复制到本次实验目录下。

修改默认目录为学生自己本次实验的新文件夹,方法与实验项目一相同。

二、利用基类创建对象的编程

面向对象编程可以不定义类,可以利用系统提供的基类直接创建对象。这种方法简单直接,但无法给每个对象编写事件方法程序。

> **技巧提示:**
>
> 　　面向对象编程的程序书写过程是:
>
> 　　首先,初始化程序,主要是环境和变量设置;其次,编写主程序——调用类建立对象的程序;再次,用 show( ) 函数显示对象;最后,定义类,给类中添加对象并给对象属性赋值,给类编写事件方法程序。命令格式为:
>
> 　　PROCEDURE
>
> 　　…………
>
> 　　ENDPRO

1. 程序功能说明

定义变量,设置运行环境。创建一个表单对象,即给窗口标题赋值为"用基类创建对象的方法示例",给窗口添加背景图片。再在窗口中创建标签对象、文本框对象和命令按钮对象,并且分别给这些对象的大小位置和要显示的内容赋值,显示效果要合理美观。

2. 程序要求

将本程序保存到 D 盘学生自己本次实验的目录下,程序名为"×××利用基类创建对象的编程",×××是学生的姓名。

3. 程序流程图

该程序流程如图 2-5-1 所示

4. 面向对象的程序建立方法步骤

面向对象的程序文件的建立和面向结构化程序建立方法一样。常用方法是:单击"文件"→"新建"→"程序"→"新建文件",然后在程序文件编辑窗口内编辑程序。

5. 程序代码

特别提醒:对于程序语句相似的可以采用复制粘贴后再做局部修改的方法快速完成编程。

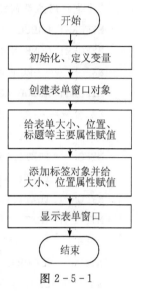

图 2-5-1

```
* VFP 面向对象程序设计例子:利用基类创建对象的编程
&&————————以下 4 句是初始化
PUBLIC MYFORM1   && 定义一个公有变量
SET  CENTURY  ON      && 显示 4 位年份
SET  DATE  TO YMD     && 设置日期显示为中文形式
SET MARK  TO '—'   && 设置日期数据间隔符为"—"号
&&————————以下是创建表单对象并给表单属性赋值
MYFORM1＝CREATEOBJECT("FORM")   && 创建一个对象,该对象名称为"MYFORM1",属于窗口基类表单 FORM
MYFORM1.CAPTION＝"用基类创建对象的方法示例"   && 给 MYFORM1 表单标题赋值
MYFORM1.HEIGHT＝500    && 窗口的高度
MYFORM1.WIDTH＝700     && 窗口的宽度
MYFORM1.LEFT＝500     && 窗口距离屏幕左边的距离
MYFORM1.TOP＝100      && 窗口距离屏幕顶部位置
MYFORM1.PICTURE＝"背景 1.JPG"
&& 窗口的背景图片——背景 1.JPG 图片是一张有文字的励志图
&&————————以下是创建标签对象并给标签属性赋值
MYFORM1.ADDOBJECT("LABEL1","LABEL")   && 添加一个对象 LABEL1,属于标签 LABEL 类
   MYFORM1.LABEL1.TOP＝250   &&LABEL1 对象距离窗口顶部位置
MYFORM1.LABEL1.LEFT＝180    &&LABEL1 对象距离窗口左边位置
```

```
MYFORM1.LABEL1.WIDTH＝360   &&LABEL1 对象的宽度
MYFORM1.LABEL1.HEIGHT＝60     &&LABEL1 对象的高度
MYFORM1.LABEL1.FORECOLOR＝RGB(255,0,0)   &&LABEL1 对象的前景色
MYFORM1.LABEL1.FONTSIZE＝16   && 设置标签的字号大小
MYFORM1.LABEL1.CAPTION＝ "          陕西理工大学欢迎您!"＋CHR(10)＋;
"这是利用基类创建对象的编程设计例子"   &&LABEL1 对象的标签文字,CHR(10)强行换行
MYFORM1.LABEL1.VISIBLE＝.T.       &&LABEL1 对象可见
MYFORM1.COMMAND1.TOP＝200   && 给"COMMAND1"对象顶部位置赋值
&&————以下是创建文本框对象并给文本框属性赋值
MYFORM1.ADDOBJECT("TEXT1","TEXTBOX")
&& 添加一个文本框 TEXT1,属于文本框类 TEXTBOX
MYFORM1.TEXT1.TOP＝340   &&TEXT1 对象距离窗口顶部位置
MYFORM1.TEXT1.LEFT＝260   &&TEXT1 对象距离窗口左边位置
MYFORM1.TEXT1.WIDTH＝100   &&TEXT1 对象的宽度
MYFORM1.TEXT1.VISIBLE＝.T.   &&TEXT1 对象可见
MYFORM1.TEXT1.VALUE＝DTOC(DATE())    &&TEXT1 对象显示的值是日期
    &&————以下是创建命令按钮对象并给命令按钮属性赋值
MYFORM1.ADDOBJECT("COMMAND1","COMMANDBUTTON")
&& 在 MYFORM1 表单上添加一个对象,对象名字是"COMMAND1"
MYFORM1.COMMAND1.TOP＝380    && 给"COMMAND1"对象距离窗口顶部的位置赋值
MYFORM1.COMMAND1.LEFT＝260   && 给"COMMAND1"对象左边位置赋值
MYFORM1.COMMAND1.HEIGHT＝20
    MYFORM1.COMMAND1.CAPTION＝"退出"
    MYFORM1.COMMAND1.VISIBLE＝.T.     &&"COMMAND1"对象可见


&&————以下显示表单(窗口)。
MYFORM1.SHOW(1)   && 显示表单顶层表单
RETURN
```

本实验的运行效果如图 2-5-2 所示。

图 2-5-2

三、面向对象与面向过程相结合编程

面向过程编程是一切编程的基础,利用系统提供的基类可以直接创建对象,但无法给每个对象编写事件方法程序,不过我们可以在对象创建之后编写面向过程的程序,来实现某些任务功能。本次实验学习如何把面向对象和面向过程的编程结合起来完成程序设计。

1. 程序功能说明

创建一个表单对象,表单标题为"体重健康测试游戏",窗口背景与健康秤有关。该游戏代码采用面向过程的编程方法编写,游戏能满足用户对性别的选择,用户能输入身高和体重(市斤),一旦确定输入就可以显示用户的健康状况并给予友好建议。显示效果要求合理美观。

2. 程序要求

将本程序保存到 D 盘学生自己本次实验的目录下,程序名为"×××体重健康测试游戏",×××是学生的姓名。

体重、身高与健康的计算方法有多种,本次实验采用简单计算方法,即男性的健康标准体重等于[身高(厘米)－115]×2。女性的健康标准体重等于[身高(厘米)－110]×2,然后比较用户的体重(市斤)和标准体重的大小关系即可判断用户的健康程度。

3. 程序流程图

该程序流程如图 2-5-3 所示。

4. 面向对象的程序建立步骤

使用菜单完成本程序设计,操作步骤为:单击"文件"→"新建"→"程序"→"新建文件",然后在程序文件编辑窗口内编辑程序。

5. 程序代码

程序代码如下:

```
PUBLIC ZDYCK      && 声明公有变量:自定义窗口 zdyck

ZDYCK＝CREATEOBJECT("FORM")    && 建立一个对象,
                              对象名为 zdyck,
                              对象类为 FORM
ZDYCK.CAPTION＝"体重健康测试游戏"    && 给 zdyck 表单标题赋值
ZDYCK.HEIGHT＝450     && 窗口的高度
ZDYCK.WIDTH＝800      && 窗口的宽度
ZDYCK.LEFT＝100       && 窗口距离屏幕左边的距离
ZDYCK.MAXBUTTON＝.F.   && 取消窗口最大化按钮
ZDYCK.PICTURE＝"健康秤.JPG"
&& 窗口背景图片——本次实验目录下必须有这个图片
```

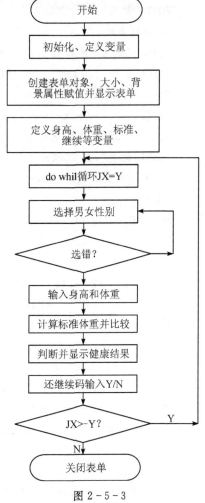

图 2-5-3

```
ZDYCK.SHOW()        && 显示本对象(窗口):ZDYCK


TZ=0      && 定义变量体重 TZ 并赋初值 0
BZ=0      && 定义变量标准 BZ 并赋初值 0
XB=1      && 定义变量性别 XB 并赋初值 0
SHENGAO=0     && 定义变量身高 SHENGAO 并赋初值 0
JX="Y"     && 定义变量继续 JX 并赋初值 0
DO WHILJX="Y".OR. JX="y"
&&DO WHILE 大循环条件取决于 JX 的值
@3,40 SAY "成人体重与健康测试游戏";
FONT "隶书",30 STYLE "BI" COLOR +12/4     && 显示程序名,字体风格"BI"为斜体
@8,42 SAY "警告:少儿不宜!"  FONT "隶书",36;
COLOR * 2/4
&& 本程序不适合婴幼儿,婴幼儿健康测试原理与此算法不一样
@13,38 SAY "陕西理工大学×××设计    2019 高级版";
FONT "隶书",20   COLOR +4/1 STYLE "BU"
&& 版权声明,字体风格"BU"为带下划线
@16,34 SAY "选择性别:1=男;2=女:" FONT "隶书",20;
COLOR +12/4,4 GET   XB   FONT"隶书",20
READ     && 读取用户输入
IF XB<=0  .OR.XB>=3   && 如果性别选择不是 1 和 2
@26,24 SAY "性别选择错误,请重新选择";
FONT "隶书",36 COLOR +2/1     && 显示输入错误
LOOP   && 重新循环选择性别
ENDIF
@16,88   SAY IIF(XB=1,"您选择是:男性";
"您选择是:女性") FONT "隶书",23 COLOR +1/ * 7
&& 如果(XB)的值为"1",那么显示"男性",否则显示"女性"
@19,34   SAY "请输入您的身高(厘米):" FONT "隶书",20;
COLOR +12/4 GET SHENGAO FONT "隶书",20
@22,34   SAY "请输入您的体重(市斤):" FONT "隶书",20;
COLOR +12/4 GET TZ FONT "隶书",20
READ     && 读取用户输入
IF XB=1   && 如果性别变量 XB=1 即是女性
BZ=(SHENGAO-110)* 2     && 女性标准体重应的计算
BZ=ABS(BZ)   && 标准值取绝对值
ELSE     && 如果是男性
BZ=(SHENGAO-115)* 2     && 男性标准体重的计算
BZ=ABS(BZ)   && 标准值取绝对值
```

```
ENDIF
DO   CASE      && 分支判断用户体重和标准体重的差异
CASE TZ＝BZ    && 如果用户体重等于标准体重
@26,1 SAY "恭喜您,您很健康,请保持在保持!"  FONT "隶书",36 COLOR ＋2/1
CASE TZ＞BZ     && 如果用户体重大于标准体重
@26,1 SAY "哈哈! 您发福了,请注意加强运动!"  FONT "隶书",36 COLOR ＊2/4
CASE TZ＜BZ     && 如果用户体重小于标准体重
@26,1 SAY "您瘦了,请注意加强营养!"  FONT "隶书",36 COLOR ＋12/1
ENDCASE      && 结束分支判断
@30,16   SAY "您还要检测健康吗? (Y/N)"  FONT "隶书",40 COLOR ＋12/1
WAIT   "" TO JX   && 等待用户选择是否继续(Y/N)
ENDDOWHIL     && 如果 JX 的值不是 Y 或 Y,就结束 DO WHIL 循环
RELEASE ZDYCK     && 关闭 ZDYCK 窗口
RETURN      && 结束主程序
```

本实验运行效果如图 2-5-4 所示。

图 2-5-4

四、对象与自定义类及事件方法编程

面向对象的编程关键是类的设计与事件方法编程设计,本次实验学习如何定义类和对象,并掌握在类中编写事件方法程序,完成一个较为完整的面向对象的程序设计。

1. 程序功能说明

设置运行环境,打开数据库"成绩管理库",创建一个表单对象,该对象来自自定义类。创建一个自定义类"DXLFFSJCLASS",该类属于表单类 FORM,给这个表单的标签、高度、宽度、位置属性赋值,取消窗口的最大化按钮,给表单添加一个背景图。同时还应给本表单添加两个标签 LABEL、一个组合框 COMBO、两个命令按钮 COMMAND 对象,并且给这些对象大小、位置、字体字号等属性赋值,能够实现用户通过组合框 COMBO1 的选择数据表后,单击显

示记录命令按钮就可以用表格显示所选表的记录,单击"退出"命令按钮退出。显示效果要美观合理。

2. 程序要求

将本程序保存到 D 盘学生自己本次实验的目录下,程序名为"×××面向对象编程设计 3"。×××是学生的姓名。

3. 程序流程图

该程序流程如图 2-5-5 所示。

4. 面向对象的程序建立方法步骤

建立程序的步骤为:单击"文件"→"新建"→"程序"→"新建文件",然后在程序文件编辑窗口内编辑程序。

5. 程序代码

程序代码如下:

```
PUBLIC DXLFFSJ,SCRE1
```

&& 声明两个公有变量:对象类方法设计(DXLFF-SJ)和内存变量(SCRE1)

```
OPEN DATABASE 成绩管理库.DBC    EXCLUSIVE
```
&& 以独占方式打开数据库"成绩管理库"
```
DXLFFSJ=CREATEOBJECT("DXLFFSJCLASS")
```
&& 建立一个对象名为 DXLFFSJ,对象类为 DXLFFSJCLASS
```
DXLFFSJ.SHOW()     && 显示本对象(窗口):DXLFFSJ
SET COLOR TO * 4/2    && 设置画方框的颜色
  @8,30,20,100 BOX     && 画一个方框
RETURN     && 结束主程序
```
&& 下一句自定义了一个类,类名为:DXLFFSJCLASS,属于表单窗体类 FORM
```
DEFINE CLASS DXLFFSJCLASS AS FORM
```
* 以下命令语句是给类赋值——赋值后就变成了对象
```
CAPTION="对象、类与事件方法编程设计举例——;
显示多个表记录"  && 表单 CLASS 类的标题
HEIGHT=600   && 表单(窗口)的高度
WIDTH=800   && 表单(窗口)的宽度
LEFT=450   && 表单(窗口)的左边距
TOP=50   && 表单(窗口)的距离屏幕顶部距离
MAXBUTTON=.F.   && 取消表单(窗口)的最大化按钮
PICTURE="背景2.JPG"     && 表单(窗口)的背景图片
```

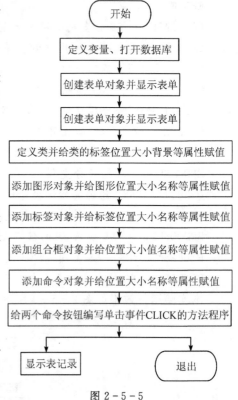

图 2-5-5

> **技巧提示:**
>
> 面向对象编程的程序书写时应注意:
>
> (1)每一个类的定义和每一个对象的添加,命令是一个长句子。
>
> (2)由于类和对象的属性赋值语句非常长,故用分号分作多行书写。
>
> (3)解释语句只能书写在属性后或单独写在定义类或添加对象的命令前一行。
>
> (4)给类或对象属性赋值完的最后一行后不用分号。
>
> (5)事件方法程序在类定义的后半部分面编写。

```
&& 下一句给表单类(窗口)添加一个图形对象 SHAPE1,属于形状类
ADD OBJECT SHAPE1 AS SHAPE WITH ;
SPECIALEFFECT=0,;    && 以下是实心方框的位置、大小、名称
LEFT=160,;
&& 以下是给图形对象的位置、大小、和名称属性赋值
TOP=95,;
HEIGHT=200,;
WIDTH=460,;
VISIBLE=.T.,;
NAME="SHAPE1"
&& 下一句给表单类(窗口)添加一个对象 LABEL1,属于标签类
ADD OBJECT LABEL1 AS LABEL WITH ;
CAPTION="对象类与事件方法编程设计"+CHR(10)+" 陕西理工大学张正新设计",;

&& 标签的标题属性值,CHR(10)是换行控制码
LEFT=240,;    && 以下是给标签对象的位置、大小、颜色和名称属性赋值
TOP=20,;
HEIGHT=200,;
WIDTH=800,;
FONTBOLD=.T.,;    && 粗体字
BACKSTYLE=0,;    && 背景风格 0,表示透明
FONTSIZE=20,;    && 字体大小
FORECOLOR=RGB(255,0,0),;    && 字色为红色
VISIBLE=.T.,;
FONTNAME="幼圆",;
NAME="LABEL1"
&& 下一句给表单类(窗口)添加一个对象 LABEL3,属于标签类
ADD OBJECT LABEL2 AS LABEL WITH ;
&& 以下是标签的位置、大小、颜色、字体和名称等属性
CAPTION="选择学生成绩中的表:",;    && 标签的标题属相
LEFT=200,;
TOP=150,;
WIDTH=240,;
HEIGHT=30,;
FONTSIZE=16,;    && 字号大小
FORECOLOR=RGB(255,0,0),;    && 显示的颜色为红色
VISIBLE=.T.,;    && 显示标签
FONTNAME="幼圆",;    && 标签体字
FONTBOLD=.T.,;    && 标签粗体字
```

```
NAME="LABEL2"
&& 下一句给表单类(窗口)添加一个对象 COMBO1,属于组合框类
ADD OBJECT COMBO1 AS COMBOBOX WITH ;
    LEFT=460,;
TOP=150,;
WIDTH=80,;
HEIGHT=30,;
FONTSIZE=16,;   && 字号大小
VISIBLE=.T.,;    && 显示组合框
ROWSOURCETYPE=1,;    && 数据源表明属性为 1,为任意值。2 表示表和字段可以用别名
ROWSOURCE="教师,课程,授课,学生,选课",;
&& 组合框的数据选项来源于 5 个字符——表名
VALUE="教师",;    && 组合框的默认值
FONTNAME="幼圆",;   && 组合框的字体
FONTBOLD=.T.,;   && 组合框粗体字
NAME="COMBO1"      && 组合框的名称,结束属性赋值语句后面没有分号


&& 下一句给表单类(窗口)添加一个对象 COMMAND1,属于命令按钮类
ADD OBJECT COMMAND1 AS COMMANDBUTTON WITH ;
CAPTION="显示选择的表记录",;   && 命令按钮的标签值
TOP=210,;
LEFT=200,;
HEIGHT=30,;
WIDTH=180,;
FONTSIZE=16,;   && 字号大小
FORECOLOR=RGB(0,0,255),;
NAME="COMMAND1"


&& 下一句给表单类(窗口)添加一个对象 COMMAND2,属于命令按钮类
ADD OBJECT COMMAND2 AS COMMANDBUTTON WITH ;
    CAPTION="退出按钮",;    && 命令按钮的标签值
TOP=210,;
LEFT=400,;
HEIGHT=30,;
WIDTH=180,;
FONTSIZE=16,;    && 字号大小
FORECOLOR=RGB(255,0,0),;
NAME="COMMAND2"
```

＊以下代码是定义事件和处理事件的方法

PROCEDURE COMMAND1.CLICK

&& 给对象 COMMAND1 按钮的单击事件 CLICK 编写方法程序

TEMP＝TRIM(THIS.PARENT.COMBO1.VALUE)

&& 将组合框选择的值中尾部的空格删除后赋值给变量 TEMP

SAVE SCRE TOSCRE1

&& 把当前内存变量和数组保存到内存变量文件 SCRE1 中,作用是保存当前屏幕状态

USE　　&& 关闭原来打开的表文件

USE　&TEMP　　&& 打开选择数据表(用了宏替换命令 &)

BROWSE　FONT "隶书",16 TITLE TEMP＋"表记录如下,您可以直接修改!"

&& 表格显示浏览修改表记录

RESTORE SCREEN FROM SCRE1　&& 恢复屏幕映象状态,数据来源于原来变量 SCRE1

ENDPROC

PROCEDURE COMMAND2.CLICK

&& 给对象 COMMAND2 命令按钮的单击事件 CLICK 编写方法程序

RELE THISFORM　　&& 关闭释放本窗口

ENDPROC

ENDDEFINE　　&& 自定义类的结束语句

本实验的界面效果如图 2-5-6 所示。

图 2-5-6

五、使用面向对象编程设计一个简易浏览器

1.程序功能说明

使用面向对象的编程方法设计一个简易浏览器,用户可以输入任何网址,然后单击"打开"

按钮可在本窗口的浏览区打开用户输入的网站主页。

2. 程序要求

将本程序保存到 D 盘学生自己本次实验的目录下，程序名为"×××简易浏览器设计"。×××是学生的姓名。

3. 面向对象的程序建立步骤

建立本程序的步骤为：单击"文件"→"新建"→"程序"→"新建文件"，然后在程序文件编辑窗口内编辑程序。

4. 程序代码

程序代码如下：

```
zzxllq = CREATEOBJECT("form1")   && 创建一个对象 ZZXLLQ
ZZXLLQ.CAPTION="真心在线简易浏览器"
&& 给 ZDYCK 表单标题赋值,把"真心在线"改成学生的姓名
ZZXLLQ.ICON="ZZXLLQ.ICO"    && 修改窗口图标
ZZXLLQ.SHOW(1)


DEFINE CLASS FORM1 AS FORM      && 创建表单对象
WIDTH = 1300
HEIGHT = 900
LEFT=(_SCREEN.WIDTH)/5   && 设置当前表单左边位置在整个屏幕的位置
ADD OBJECT URL AS TEXTBOX WITH TOP=10,LEFT=80,WIDTH=680,HEIGHT=22,ANCHOR=11,;
VALUE = "HTTP://WWW.HAO123.COM"
ADD OBJECT CMD1 AS COMMANDBUTTON WITH ;
TOP=10,  LEFT=800,  WIDTH=60,  HEIGHT=24,  ANCHOR=10,  CAPTION = ">>>打开"
ADD OBJECT WB AS OLECONTROL WITH OLECLASS="SHELL.EXPLORER.2", TOP=80, LEFT=50, ;
WIDTH=1200, HEIGHT=750, ANCHOR=15, VISIBLE=.T.      && 添加网页显示对象
ADD OBJECT LABEL1 AS LABEL WITH ;      && 添加标签 1
CAPTION="网址(URL)",  LEFT=10,  TOP=12, HEIGHT=15,  WIDTH=40,;
BACKSTYLE=0,FORECOLOR=RGB(255,0,0),;
AUTOSIZE=.T.,  FONTBOLD=.T.,     NAME="LABEL1"
ADD OBJECT LABEL2 AS LABEL WITH ;      && 添加标签 2
CAPTION="欢迎使用真心在线简易浏览器",LEFT=500, TOP=40,;
HEIGHT=30,WIDTH=800, BACKSTYLE=0,FORECOLOR=RGB(0,0,255),;
FONTSIZE=20,FONTBOLD=.T.,NAME="LABEL2"
PROCEDURE INIT
THIS.WB.SILENT = .T.
ENDPROC
PROCEDURE CMD1.CLICK
THISFORM.WB.NAVIGATE(ALLTRIM(THISFORM.URL.VALUE), 0, NULL, NULL, NULL)
```

```
THISFORM.WB.SETFOCUS
ENDPROC
ENDDEFINE
```

本实验运行效果如图 2-5-7 所示。

图 2-5-7

六、撰写实验报告

撰写一份本次实验报告,实验报告中必须有本次 4 个面向对象程序运行效果截图。

项目六　表单设计

【实验类型】设计型。

【实验学时】4课时。

【实验目的】

1. 掌握使用表单向导及表单设计器创建表单的基本操作方法。

2. 掌握表单的修改及运行方法。

3. 熟悉表单属性设置框的使用方法。

4. 熟悉数据环境的设置方法。

5. 熟悉常用表单控件的作用和使用方法，理解其属性的意义。

6. 掌握为对象编写方法程序的基本过程和建立应用表单的基本方法。

【实验准备】

1. 实验前必须提前阅读本实验项目内容，总体上要对本次实验有全面的理解。

2. 此实验的前提是学生自己的 D 盘本次实验文件夹下必须有"学生管理"数据库和"基本情况"，如果没有请将原来实验二做过的所有文件复制过来或重新建立数据表并输入几条记录。

3. 必须在本次实验文件夹下存放若干人物照片，以备实验中调用。

本次实验内容是设计两个表单，第一个表单为"登录"表单，主要功能是给用户提供一个登录界面，如果密码正确则显示欢迎语，并打开第二个表单；第二个表单为"×××学生基本情况管理系统"表单，主要功能是逐条显示学生基本情况表中的记录或用表格显示学生基本情况表中的记录，同时允许用户添加或修改照片和其他记录信息。

一、建立实验文件夹

在 D 盘建立一个文件夹，文件夹的名字为"×××班×××实验六"。×××表示学生自己的班级和自己的姓名。

二、修改默认目录

修改默认目录的操作方法与前面的实验项目相同。

三、建立登录表单

1. 登录表单的建立

方法是单击"文件"→"新建"→"表单"→"新建文件"。将新建的表单保存到自己的文件夹下，表单文件名为"登录"。

如果"表单控件"被关闭，可单击系统菜单"显示"→"工具栏…"→"表单控件"，如图 2-6-1 所示。

图 2-6-1

将鼠标移到"表单控件"上的小图标后会短暂显示控件的类型名称,单击选中控件后鼠标指针变为"+"字形,学生可在表单合适的位置上拖拉出合适的对象。

2. 系统登录表单界面设计

通过控件对象属性工具可以修改表单中控件对象的属性值。控件属性对话框一般在屏幕的右侧,如果属性工具窗口被关闭了,可在表单上单击右键,再单击"属性"即可打开控件属性窗口。

将鼠标移到控件属性窗口某个属性上后,在属性窗口下边会显示这个属性的汉字解释,供设计人员理解属性的作用和意义,如图2-6-2所示。

要求:在新建的登录表单中所有标签的属性都是透明的,即BackStyle值为0—透明。其他控件的大小和字体、字色、字号以及窗口的颜色或图片等,方法和登录表单设计一样,由学生自己设计,达到美观合适有个性的效果即可。本次实验登录表单界面设置大体如图2-6-3所示。

图2-6-2

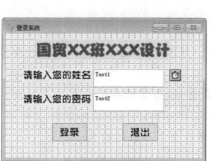

图2-6-3

3. 设置登录表单对象属性

登录表单各控件主要属性设置如表2-6-1所示。

表2-6-1

控件名	属性	属性值	控件名	属性	属性值
Form1	BorderStyle Caption MaxButton	2-固定对话框 登录系统 .F.-假	Text1	Width	145
			Timer1	Interval	100
Label1	Caption BackStyle	国贸××班×××设计 0—透明	Text2	PassWordChar Width	* 145
Label2	Caption	请输入您的姓名	Command1	Caption	登录
Label3	Caption	请输入您的密码	Command2	Caption	退出

注意:所有文本框的字体大小应与其左边标签Label的字体一样大或稍大一点。字体字

色大小由学生自己设计,背景色或图片由学生自己添加。

4. 本表单数据流程图

本表单数据流程如图 2-6-4 所示。

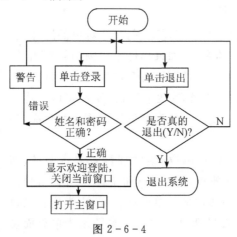

图 2-6-4

5. 给登录表单编写程序代码

(1)编写窗口初始化程序。方法是:双击 Form1 表单,选择过程事件"Activate",输入以下代码:

```
* 以下两句初始化本表单窗口,使其居屏幕中央
THISFORM.LEFT=(_SCREEN.WIDTH-THISFORM.WIDTH)/2
&& 设置当前表单左边位置在整个屏幕的位置
THISFORM.TOP=100
&& 设置当前表单顶部位置在整个屏幕顶部的位置
PUBLIC CISHU
&& 定义公用变量 CISHU 用于记录登录次数
CISHU=0
&& 登录次数初始值为 0 次


* 以下两句是为了让标签 LABEL1 显示逐步展开动画做准备→初始化大小和位置
THISFORM.LABEL1.WIDTH=0
&& 标签 LABEL1 初始宽度为 0,后面程序逐渐将其变大,形成动画效果
THISFORM.LABEL1.LEFT=194
&& 上一句将标签 LABEL1 移动到本窗口左边 194 处,计算方法:LABEL1 的宽度/2＋左起点
```

表单 Form1 的程序编写完后,如果再没有该对象的其他事件程序编写,应关闭 Form1. Activate 窗口。另外,每个对象事件编程完成后都要关闭编程窗口,若无特别要求,本书不再赘述。

如果关闭编程窗口时弹出有错误代码警告信息框,应选择"取消",然后修改错误代码,直到正确为止。

(2)编写标签 Label1 幻灯变色逐渐放大的动画程序。方法是:双击 Timer1 控件,默认

Timer 过程事件,编写以下程序代码:

```
KUANDU=240        && 定义变量:LABEL1 的总宽度
I=INT(RAND()*255)     && 字色:红色值随机产生
J=INT(RAND()*255)     && 字色:黄色值随机产生
K=INT(RAND()*255)     && 字色:蓝色值随机产生
THISFORM.LABEL1.FORECOLOR=RGB(I,J,K)      && 字色变化
IF THISFORM.LABEL1.WIDTH>KUANDU THEN      && 如果宽度 LABEL1 变化到总宽度
    THISFORM.TIMER1.ENABLED=.F.     && 时钟停止响应——即停止动画
ELSE
    THISFORM.LABEL1.WIDTH=THISFORM.LABEL1.WIDTH +4     &&LABEL1 宽度变大
    THISFORM.LABEL1.LEFT=THISFORM.LABEL1.LEFT-2     && 同时 LABEL1 向左移动
ENDIF
```

(3)Command1 的单击事件 Click 代码。方法是:双击 Command1 控件,默认事件为 Click,其代码如下:

```
CISHU=CISHU+1
IF CISHU>3 THEN   && 如果登录次数超过 3 次
MESSAGEBOX("对不起本次您登录尝试超过 3 次,单击"确定"后将退出系统,请您重新确认;
登录信息",16,"警告,登录信息严重出错!")
RETURN
    QUIT
ENDIF
IF THISFORM.TEXT1.VALUE="admin" .AND. THISFORM.TEXT2.VALUE="123456"
&& 设置合法用户名为:"admin",密码为:"123456"
    WAIT "合法用户,欢迎使用学生基本情况管理系统!" WINDOWS AT 20,150 TIME 2
&& 延时 2 秒
THISFORM.RELEASE   && 关闭登录窗口
    DO FORM ×××学生基本情况管理系统
&& 打开×××学生基本情况管理系统窗口,×××是你的姓名
ELSE
    MESSAGEBOX("这是您第:"+STR(CISHU,1)+";
次尝试登录,密码或用户名错误",48,"登录出错提示!")
THISFORM.TEXT1.VALUE=""     && 清空用户在姓名文本框输入的内容
THISFORM.TEXT2.VALUE=""     && 清空用户在密码文本框输入的内容
ENDIF
```

(4)Command2 的单击事件 Click 代码。方法是:双击 Command2 控件,默认事件为 Click,其代码如下:

```
TCM=MESSAGEBOX("你决定退出系统吗?",4,"退出提示")
DO CASE
    CASE TCM = 6   && 如果单击"确定"按钮
```

```
THISFORM.RELEASE   && 关闭登录窗口
   CASE TCM = 7   && 如果单击"取消"按钮。
MESSAGEBOX("请输入用户名和密码",0,"登录提示")
ENDCASE
```

6.运行登录表单,测试调试程序

单击工具栏的运行按钮"!"或在表单设计器标题栏上单击右键选择"执行表单"可运行本表单。仔细观察运行效果,如果有错误代码,可以在弹出的对话框中选择"挂起",然后会弹出调试窗口,查看错误的代码出处,终止运行,关闭调试窗口,关闭正在运行调试的表单,如果无法关闭可单击菜单"程序"→"取消",然后修改表单和程序,再次运行测试,直到满意为止。

由于还没有建立"学生管理系统"表单,因此运行登录表单,输入正确密码会出错。下面我们建立"学生管理系统"表单。

注意:学生应将下载的照片保存在自己的实验文件夹下。

四、建立×××学生基本情况管理系统表单

1.×××学生基本情况管理系统表单的建立

单击"文件"→"新建"→"表单"→"新建文件",将新建的表单保存到学生自己的文件夹下,表单文件名为"×××学生基本情况管理系统",×××表示实验学生姓名。

2.×××学生基本情况管理系统表单界面设计

如果"表单控件"被关闭,可单击系统菜单"显示"→"工具栏…"→"表单控件"。

要求:×××学生基本情况管理系统表单窗口中所有标签的属性都是透明的,即 BackStyle 值为 0－透明。其他控件的大小和字体、字色、字号以及窗口的颜色或图片等,方法和登录表单设计一样,由学生自己设计,达到美观、合适、有个性的效果即可。本次实验×××学生基本情况管理系统界面设置大体如图 2－6－5所示。

> **技巧提示:**
>
> 测试程序或表单可在命令窗口输入"debug"回车或单击菜单"工具"→"调试器"打开调试器,选择"跟踪"或"单步"等查看程序运行情况。
>
> 也可以在运行表单程序出错弹出的对话框中单击"挂起"查看出错的语句,关闭调试器后再修改错误的语句。

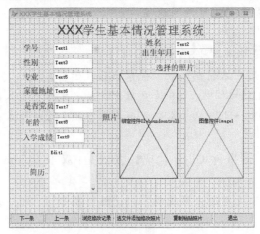

图 2－6－5

3. ×××学生基本情况管理系统表单数据环境的定义

在"×××学生基本情况管理系统"表单上单击右键,选择"数据环境…"就打开了"数据环境设计器",第一次时要选择数据表文件,以后要添加表时可在"数据环境设计器"上单击右键,选择"添加"就可以添加表。本例选择"基本情况",然后关闭"数据环境设计器"。

4. 设置表单对象属性

设计要求:窗口的大小和各个控件的字体、字色、字号以及窗口的颜色或图片、鼠标指针由学生自己设计,达到美观、合适、有个性的效果即可,控件 Oleboundcontrol1 的大小能容纳个 2 寸证件照,文本框的数据源是从属性框 ControlSource 中选择的,不是手工输入的。

学生管理系统表单主要件属性设置如表 2-6-2 所示(所有标签都是透明的)。

表 2-6-2

控件名	属性	属性值	控件名	属性	属性值
			控件名	属性	属性值
Form1	Caption MaxButton ShowWindow	×××学生基本情况管理系统 .F.-假 2-作为顶层表单	Text1	ControlSource	基本情况.学号
			Text2	ControlSource	基本情况.姓名
			Text3	ControlSource	基本情况.性别
Label1	Caption	×××学生基本情况管理系统	Text4	ControlSource	基本情况.出生日期
Label2	Caption	学号	Text5	ControlSource	基本情况.奖学金
Label3	Caption	姓名	Text6	ControlSource	基本情况.家庭地址
Label4	Caption	性别	Text7	ControlSource	基本情况.党员否
Label5	Caption	出生年月	Text8	ControlSource	基本情况.年龄
Label6	Caption	专业	Text9	ControlSource	基本情况.入学成绩
Label7	Caption	家庭地址	Oleboun Dcontrol1	ControlSource Stretch(图片比例)	基本情况.照片 1-等比填充
Label8	Caption	是否党员			
Label9	Caption	年龄	Image1	Stretch(图片比例)	1-等比填充
Label10	Caption	入学成绩	Command1	Caption	下一条
Label11	Caption	简历	Command2	Caption	上一条
Label12	Caption	照片	Command3	Caption	浏览修改记录
Label13	Caption	选择则的照片	Command4	Caption	选文件添加修改照片
Edit1	ControlSource	基本情况.简历	Command5	Caption	复制粘贴照片
			Command6	Caption	退出

所有标签控件都是设置为透明的,即所有标签控件 BackStyled 的属性值设置为 0－透明。

5.学生基本情况管理系统数据流程

学生基本情况管理系统数据流程如图 2－6－6 所示。

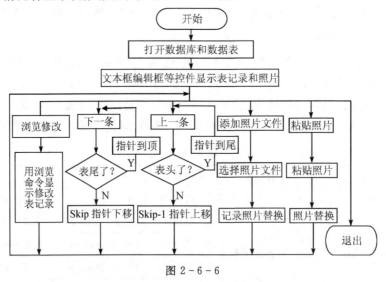

图 2－6－6

6.给×××学生基本情况管理系统表单编写程序

(1)表单装入后初始化程序代码。方法是:双击 Form1 选择过程激活事件"Activate",编写以下代码:

```
* 以下两句初始化本表单窗口,使其居屏幕中央
THISFORM.LEFT＝(_SCREEN.WIDTH－THISFORM.WIDTH)/2
THISFORM.TOP＝100
&& 设置当前表单顶部位置在整个屏幕顶部的位置
SET  CENTURY  ON    && 日期显示设置为千位数显示
SET  DATE  TO  ymd   && 设置日期显示为中文形式
SET  MARK  TO '－'   && 设置日期数据间隔符为"—"号
```

(2)"下一条"按钮 Command1 的单击事件 Click 代码。

方法是:双击 Command1 控件,默认单击事件 Click,其代码如下:

```
IF EOF()＝.T.    && 如果指针到了记录尾部
    MESSAGEBOX("已经是最后一条记录了,单击"确定";
将从第一条开始重新查询",48,"已经是记录尾部了!!!")
GOTO TOP     && 记录指针移到第一个记录上
ELSE
    SKIP 1     && 记录指针下移一个
ENDIF
THISFORM.REFRESH   && 刷新表单,显示新纪录
```

技巧提示:

通用型字段不能用图片 image 控件显示照片,但把照片字段改成字符型(字段长度不小于 50,用于保持照片文件名),那么就可以方便直观地使用图像 image 控件。其实为了方便用户修改图片、声音、视频等文件,现在数据库设计者多把这类字段设计为字符型,只是字段宽度要很长,能满足路径和文件名的长度之和。

本例用两种方式添加和显示照片是为了让学生体会不同的编程效果。

THISFORM.REFRESH   && 刷新表单,显示新纪录

(3)"上一条"按钮 Command2 的单击事件 Click 代码。方法是:双击 Command2 控件,默认单击事件 Click,其代码如下:

IF BOF()＝.T. && 如果指针到了记录顶部

    MESSAGEBOX("已经是第一条记录了,单击"确定";

    将从最后一条开始重新查询",48,"已经是第一条记录了!!!")

    GOTO BOTTOM   && 记录指针移到末记录上

ELSE

    SKIP －1   && 记录指针上移一个

ENDIF

THISFORM.REFRESH   && 刷新表单,显示新纪录

(4)"浏览修改记录"按钮 Command3 的单击事件 Click 代码。方法是:双击 Command3 控件,默认单击事件 Click,其代码如下:

BROW TITL "浏览修改学生基本情况表中的记录(包括照片)" Font "隶书", 18

(5)"选文件添加修改照片"按钮 Command4 的单击事件 Click 代码。方法是:双击 Command4 控件,默认单击事件 Click,其代码如下:

ZHAOPIAN＝""

ZHAOPIAN＝GETFILE("JPG,BMP", "请选择照片文件")

IF RIGHT(ZHAOPIAN,3)＝＝"BMP".OR. RIGHT(ZHAOPIAN,3)＝＝"JPG" THEN

&& 从变量 ZHAOPIAN 中右边截取 3 个字符(文件扩展名)

    APPEND GENERAL 照片 FROM &ZHAOPIAN   && 添加照片

ELSE

    MESSAGEBOX("你选择的照片文件不是 BMP 或 JPG 格式的图片",16,'请重新选择照片')

ENDIF

THISFORM.IMAGE1.PICTURE＝ ZHAOPIAN

&& 通用字段不能用 IMAGE1 控件直接显示,但可以用 IMAGE1 控件显示用户选择的照片

THISFORM.REFRESH   && 刷新表单,显示结果

(6)"复制粘贴照片"按钮 Command5 的单击事件 Click 代码。方法是:双击 Command5 控件,默认单击事件 Click,其代码如下:

BROWSE FIELDS 学号,姓名,照片 TITL ;

"双击 Gen 后在单击菜单"编辑"按钮可以"清除"或"粘贴照片"" FONT "隶书", 18

(7)"退出"按钮 Command6 的单击事件 Click 代码。方法是:双击 Command6 控件,默认单击事件 Click,其代码如下:

TCM＝MESSAGEBOX("你决定退出系统吗?",4,"退出提示")

IF TCM ＝ 6

    THISFORM.RELEASE

ENDIF

7. 运行表单测试调试程序

方法和登录表单的测试调试方法一样,只是测试的项目多了一些。

单击工具栏的叹号"!"按钮或在表单设计器标题栏上单击右键选择"执行表单"可运行本表单。观察运行效果,如果错误代码,可以在弹出的对话框中选择"挂起",然后会弹出调试窗口,查看错误的代码出处,终止运行,关闭调试窗口,再终止运行程序(方法是单击菜单"程序"→"取消"),修改表单和程序后再次运行测试所有程序,直到满意为止。

注意:运行表单测试调试程序的方法步骤今后不再赘述。

五、撰写实验报告

撰写一份本次实验报告,实验报告中必须有本次实验两个表单设计图和运行效果图各一个,共计 4 个截图。

项目七 Visual FoxPro 网络聊天软件设计

【实验类型】设计性。

【实验学时】6 课时。

【实验目的】

1. 使学生能较全面地了解、理解和掌握网络软件开发的原理、方法和主要过程。

2. 拓宽学生知识面,开阔学生的视野,为学生参与大学生互联网竞赛、未来创业打下较坚实的理论和技术基础。

【实验准备】

1. 理论准备:有关 Visual FoxPro 所有基本知识。

2. 学习有关网络知识,例如 IP 地址、通信协议、客户端、服务器端等。

3. 本次实验项目最好在 Visual FoxPro 9.0 开发平台上进行,故实验室应安装有该系统。

4. 搜集或制作本实验所需的图标(.ICO)、图像、声音等文件。

使用 Visual FoxPro 面向对象的网络编程技术,设计一个基于 TCP 协议的点对点聊天软件。要求界面要美观,功能要相对健全,客户端和服务器端可以相互呼叫,客户端和服务器端可以相互文字聊天。

一、建立文件夹

在 D 盘建立一个文件夹,文件夹的名字是"×××班×××聊天软件设计",×××表示学生的班级和姓名。

二、设置运行环境

1. 修改默认目录。修改默认目录为本次实验的新文件夹,方法与实验项目一相同。

2. 修改表单显示区大小。单击"工具"菜单的"选项"菜单项,打开"选项"对话框,单击"表单"→最大设计区→选择"1600×1200"→"确定"。

3. 添加图标图片声音文件。将要用到的图像、图形、声音、图标(.ICO)等文件复制到本次实验的文件夹下。

三、建立网络聊天项目

建立一个项目:单击"文件"→"新建"→"项目"→"新建文件",选择学生自己文件夹,文件名为"×××聊天软件"点击"保存"。注:这里的×××是学生自己的姓名。

四、总体设计思路说明

现在的高级语言都支持网络软件的开发,最常见的是利用 WinSock 控件进行的设计。WinSock 是一种高效网络数据传输控件,它支持 TCP 和 UDP 两种协议,可以方便地设计出基于 C/S 模式(客户端/服务器端)的网络通信系统。本实验项目是开发一个基于 TCP 协议的聊天软件,因此需要设计客户端和服务器端。由于是点对点的通信,那么客户端和服务器端必须集成在一个软件内,即软件既可以是客户端,也可以是服务器端。服务器端是被呼叫的一方,客户端是呼叫的一方。服务器端和客户端的界面大小高度一致,给用户一种没有变化的感觉,但功能不同。整个软件先运行服务器端,服务器端初始化,加载 WinSock 控件,获取计算机 IP,设置通信端口,开始侦听等待客户端的呼叫,服务器端也可以跳转到客户端转变为客户端。一旦变为客户端就加载 WinSock 控件,获取计算机 IP,设置通信端口,可以呼叫服务器端。服务器端响应允许连接后,客户端和服务器端就可以相互聊天,或进行其他网络活动。

五、聊天服务器端的设计

1. 聊天服务器端功能说明

本软件是一个点对点聊天软件,首先是服务器端先运行,主要功能是网络侦听,分析判断并显示网络状态,如果被客户端呼叫后即联机,显示与好友联机信息,可实现点对点聊天,显示聊天记录。聊天服务器端还可以跳转到客户端,呼叫其他好友,也可以断开联机,或直接退出系统。

2. 聊天服务器端表单的建立

在项目管理器中展开"文档",单击"表单"→"新建"→"新建表单"。保存该表单到自己本次实验的文件夹下,表单文件名为"聊天服务器端"。

3. 聊天服务器端界面设计

为了实现聊天服务器端的功能,聊天软件服务器端必须提供一些可操控的工具,故服务器端的表单至少要添加以下一些控件,同时应对表单和各个控件进行必要的设置美化,服务器端窗口设置如图 2-7-1 所示。

图 2-7-1

> **技巧提示:**
>
> 为了降低编程难度,防止用户非法操作引起窗口变得不美观,防止不可预测的逻辑错误,可以将聊天软件窗口设置为固定风格,最大化和关闭按钮设置为无效。即在表单属性里设置 BorderStyle＝2,使得窗口固定不可调整大小;Closeable＝.F.使窗口关闭按钮无效;MaxBbutton＝.F.使最大化按钮无效。

4. 聊天服务器端表单对象属性设置

表单控件主要属性设置如表 2-7-1 所示（学生可以修改字体、字号、字色等属性，使其美观合理即可）。

表 2-7-1

控件名	属性	属性值及作用	控件名	属性	属性值
FORM1（表单）	BorderStyle Caption Closable Height Picture ShowWindow MaxButton Width	2-固定对话框（不可调）真心在线聊天服务器端 .F.一假（关闭按钮失效） 548（高度）（学生自己添加） 2-作为顶层表单 .F.一假（最大化失效） 305（宽度）	Container1（容器）	Height Width	108 290
			Text1（文本框）	Width	130
			Text2（文本框）	Width	130
			Text1（文本框）	Width	130
			Text2（文本框）	Width	130
Label1（标签）	Caption BackStyle	您的昵称 0-透明	List1（列表框）	Height Width	48 130
Label2（标签）	Caption BackStyle	本机和局域网广播地址 0-透明	Edit1（编辑框）	DisableDback Height Readonly Width	192,192,192（灰色） 72 .T.-真（只读） 290
Label3（标签）	Caption BackStyle	通信端口设置 0-透明	Text3（文本框）	Width Readonly	130 .T.-真（只读）
Label4（标签）	Caption BackStyle	联机信息如下： 0-透明	Edi2（编辑框）	DisableDback Height Readonly Width	192,192,192（灰色） 132 .T.-真（只读） 290
Label5（标签）	Caption BackStyle	聊天记录如下： 0-透明	Edi3（编辑框）	Height Width	72 290
Label6（标签）	Caption BackStyle	在下边输入聊天内容 0-透明	Command1	Caption	联系好友
			Command2	Caption	清除聊天记录
			Command3	Caption	发送
Timer1（计时器）	Interval Enabled	100 .T.-真	Command4	Caption	退出
			Command5	Caption	断开连接

5. WinSock 控件的插入

为了实现网络通信，我们需使用网络数据传输控件。Visual FoxPro 中本身没有 WinSock 控件，但可以通过 ActiveX 控件（Olecontrol）引用已经注册过的 WinSock 控件。

具体引入 WinSock 控件的方法是：

在表单控件工具框中选择"ActiveX 控件（Olecontrol）"控件，单击表单，选择"插入控件"，选择"Microsoft WinSock Control 6.o(sp4)"，点击"确定"，如图 2-7-2 所示。

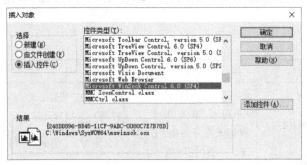

图 2-7-2

注意：成功插入第一个 WinSock 控件后，控件名称为 Olecontrol1，并不是 WinSock1，在 VB 等语言中默认名称为 WinSock1。

另外，计时器控件 Timer 和网络数据传输控件 WinSock 运行时不占用屏幕空间，可以随便放置在表单任何位置。

6. 数据流程图

数据流程如图 2-7-3 所示。

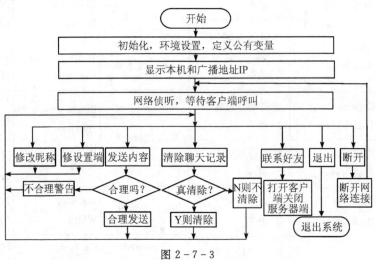

图 2-7-3

7. 服务器端程序代码编写

(1)窗口初始化程序代码。服务器端窗口初始化的功能是设置窗口位于在靠近屏幕顶部的中间位置，设置运行环境、通信协议、通信端口、昵称和公有变量等，获取并显示本机计算机名称、本机 IP 和广播地址，最后最关键的是开始网络侦听（这是服务器端和客户端的本质区别）。

服务器端编写窗口初始化程序。方法是：双击 Form1 表单，选择过程事件"Init"，输入以下代码：

```
THISFORM.LEFT=(_SCREEN.WIDTH-THISFORM.WIDTH)/2
&& 设置当前表单在屏幕的中间位置
```

THISFORM.TOP＝200　　&& 设置当前表单距离屏幕顶部的位置

SET　CENTURY　ON　　&& 日期显示设置为千位数显示

SET　DATE　TO YMD　　&& 设置日期显示为中文形式

SET MARK　TO '—'　&& 设置日期数据间隔符为"—"号

　　&& 下面定义几个公有变量，ljks 为联机开始，ltnr 为聊天内容，ljxx 为联机信息，fwqltnr 为服务器聊天内容，fwqdk 为服务器端口

public ljks,ltnr,ljxx, ljsj,fwqltnr, fwqdk

ljks＝0.0　　　&& 公有变量联机开始 ljks 时间为数值型

ltnr＝""　　　&& 聊天内容变量赋初值为字符型

ljxx＝""　　　&& 联机信息变量赋初值为字符型

fwqltnr＝""　　　&& 服务器聊天内容变量赋初值为字符型

PUBLIC 聊天服务器端 as Form

　　&& 定义一个公有变量名为"聊天服务器端"，属于表单类型，以便于在其他表单里引用这个表单数据

PUBLIC 聊天客户端 as Form

　　&& 定义一个公有变量名为"聊天客户端"，属于表单类型，以便于在其他表单里引用这个表单数据

thisform.edit1.Value ＝ ""　　&& 清空接收的聊天文字

thisform.edit2.Value ＝ ""　&& 清空输入的聊天文字

thisform.text1.Value＝"服务器端机器人"　　&& 设置服务器端默认昵称，可以改变

THISFORM.Text2.Value ＝ "3333"　　　&& 定义通信端口号

fwqdk＝THISFORM.Text2.Value　　&& 把服务器端口数据赋值给公有变量 fwqdk

thisform.olecontrol1.LocalPort＝THISFORM.Text2.Value

THISFORM.olecontrol1.object.Protocol＝0

&& 设定 Winsock 控件的协议为 TCP,值为 0,UDP 协议值为 1

THISFORM.list1.AddItem("127.0.0.1")

&& 好友的 IP,127.0.0.1 实际上是本机的一个 IP

THISFORM.list1.AddItem(thisform.olecontrol1.localIP)　　&& 添加一个本机的 IP

　　＊＊＊＊＊以下命令是计算并显示广播地址＊＊＊＊

IPqsd＝LEFT(thisform.olecontrol1.localIP,AT('.',thisform.olecontrol1.localIP,3))

　　&&IPqsd 为自定义变量：IP 前三段的意思，从本机 IP 前三段左边截取，AT()函数判断.号在 IP 中第三次出现的位数

THISFORM.list1.AddItem(IPqsd＋"255")　　&& 向好友的 IP 列表框内添加一个广播地址

　　&& 说明：如果子网掩码为:255.255.255.0,那么意味着该局域网没设置子网,该局域网的广播地址的 IP 第四段为 255

```
&& 以下命令在 EDIT1 编辑框显示本机信息
thisform.edit1.Value= "本机的 IP 地址是:"+thisform.olecontrol1.LocalIP+;
CHR(13)+"本机的名称是:"+thisform.olecontrol1.LocalHostName+;
CHR(13)+"本计算机通信端口是:"+STR(thisform.olecontrol1.LocalPort ,4)
ThisForm.olecontrol1.object.Listen()      &&TCP 协议开始网络侦听,等待连接
```

(2)服务器端计时器 Timer1. 的监听分析显示网络联机状态的代码。双击 Timer1 控件,默认 Timer 过程事件,其代码如下:

计时器的作用主要是不间断地判断分析并呈现网络状态。

```
ljks=ljks+thisform.Timer1.Interval
&& 计算联机开始时间
DO case
CASE   THISFORM.olecontrol1.object.State=0
&&0表示未连接
thisform.text3.Value=  "网络连接处于关闭状态!"
CASE   THISFORM.olecontrol1.object.State=1
thisform.text3.Value=  "网络连接一打开!"
CASE   THISFORM.olecontrol1.object.State=2
thisform.text3.Value=  "网络等待连接!"
CASE   THISFORM.olecontrol1.object.State=3
thisform.text3.Value=  "网络正在连接!"
CASE   THISFORM.olecontrol1.object.State=4
thisform.text3.Value=  "网络决定主机!"
CASE   THISFORM.olecontrol1.object.State=5
thisform.text3.Value=  "网络主机已决定!"
CASE   THISFORM.olecontrol1.object.State=6
thisform.text3.Value=  "网络主机正在连接 !"
CASE   THISFORM.olecontrol1.object.State=8
thisform.text3.Value=  "网络连接被远程计算机关闭 !"
CASE   THISFORM.olecontrol1.object.State=9
thisform.text3.Value=  "网络连接出错 ,请稍等再次连接……"+;
"消耗时间(秒)= "+ALLTRIM(STR((ljks/1000)))       &&1 秒=1000 毫秒
THISFORM.Olecontrol1.object.Close   && 关闭连接
ENDCASE

IF THISFORM.olecontrol1.object.State=7   && 如果连接成功,7 表示已经连接
THISFORM.Caption =ALLTRIM(thisform.text1.Value)+ "正在聊天"
&& 客户端与服务器端联机后的标题
IF LEFT(thisform.text3.Value,2)<>"与"
&& 如果联机状态文本框没有显示联机状态信息
```

thisform.text3.Value＝"与好友成功联网的时间是："＋DTOC(DATE())＋"日"＋time();

＋"共消耗时间(秒)＝ "＋ALLTRIM(STR((ljks/1000)))　&& 显示联网信息

ENDIF

THISFORM.olecontrol1.object.SendData("ZZXFWQLJCG")

&& 发送本机联机成功识别码给客户端,ZZX 是张正新老师的拼音简写 ,FWQLJCG 是"服务器端联机成功"的汉语拼音简写

THISFORM.Timer1.Enabled ＝.f.

&& 本时钟停止工作,防止重复不间断的添加联机成功信息

ENDIF

(3)服务器端网络控件建立连接时代码。方法是:双击 Olecontrol1 控件,选择过程 ConnectionRequest ,其代码如下:

LPARAMETERS requestid

&& 定义 LPARAMETERS 参数为 requestid ,此句必须有否则找不到 PARAMETER

&& 检查 WinSock 控件的 State 属性是否为关闭的。如果不是,在接受新的连接之前先关闭此连接

If THISFORM.olecontrol1.State ＜＞ 0

&& 如果已经联网

ThisForm.olecontrol1.OBJECT.Close ()

&& 关闭本连接

ENDIF

THISFORM.olecontrol1.object.Accept ;

(requestID)　&& 接受具有 requestID 参数的连接

> **技巧提示:**
>
> 　服务器端和客户端主动发送信息的时机:有时候需要通信软件自动发信息,服务器端和客户端都可以在建立网络连接后主动发送信息,但服务器端和客户端主动发送信息的时间段是不同的。服务器端可以在建立网络连接时发送信息,但客户端只能在建立联机之后发送信息。因为客户端发出联机邀请时正处于建立联机时间段,此时客户端不确定完全联机成功,所以客户端建立联机时还无法发送聊天信息;而服务器端建立联机时是接受了客户端邀请呼叫后允许联机,此时已经联机成功,此时服务器端可以发送聊天信息。

DO　while　THISFORM.olecontrol1.object.state＜＞7

&&DO 循环的条件是了没有联网

DOEVENTS　　&& 激活接受具有 requestID 参数的连接事件

ENDDO

(4)服务器端网络控件数据到达时的代码。方法是:双击 Olecontrol1 控件,选择过程 DataArrival ,其代码如下:

LPARAMETERS bytestotal　　&& 定义参数字节总数

ljxx＝ SPACE(256)

&& 定义聊天信息变量 ltxx 总字节,使用字符串数据形态取回缓冲区的数据

thisform.Olecontrol1.OBJECT.GetData(@ljxx)

&& 将取回的数据即存在变量 ljxx 中,VFP 需要加@

? chr(7)　　&& 接收到聊天内容就发出鸣叫

chengdu ＝ Len(ljxx)　　&& 计算接收到的字符串总长度

If LEFT(ljxx,9)＝＝ "ZZXHYLJCG" Then

&& 如果接收到的字符串为""ZZXHYLJCG"说明服务器联机成功,这是服务器端设置的联机成功识别码,ZZX 是张正新老师的拼音简写 ,HYLJCG 是"好友联机成功"的汉语拼音简写

THISFORM.edit1.Value＝ thisform.edit1.Value＋CHR(13)＋time() ＋"好友与您联网成功"

thisform.edit1.Value＝ thisform.edit1.Value＋CHR(13)＋"好友的 IP 地址是:"＋;
right(ljxx,chengdu－9)

&& 上一句的作用是从获取好友的 IP 地址,算法为好友 IP 来源于好友联机成功 IP 识别码右侧,截取的长度为接收到的联机成功信息总长度减去识别码长度。好友连接成功后发送的识别码是:"ZZXHYLJCG"＋IP 地址

ELSE

　　IF ljxx <>"ZZXFWQLJCG" THEN　　&& 如果接收到的信息不是本机自动发送的联机成功信息

thisform.edit2.Value＝ thisform.edit2.Value＋CHR(13)＋DTOC(DATE())＋"日"＋;
time() ＋ Chr(13)＋ ljxx && 向聊天记录框添加接收到的内容

thisform.edit2.SelStart＝LEN(thisform.edit2.Value)

&& 指定编辑框 EDIT2 的起点是编辑框的总长度位置,即显示该编辑框最后一行

　　ENDIF

ENDIF

(5)服务器端网络控件接收数据时的代码。方法是:双击 Olecontrol1 控件,选择过程 Getdata ,其代码如下:

LPARAMETERS data, type, maxlen　　&& 定义参数的数据、类型、最大值

THISFORM.olecontrol1.object.GetData(fwqltnr)

&& 接收聊天内容数据被存放到变量 fwqltnr 里

If fwqltnr <>"ZZXFWQLJCG" Then

&& 如果接收到的信息不是本机发出的,防止单机测试时出问题

thisform.edit2.Value＝ thisform.edit2.Value＋CHR(13)＋DTOC(DATE())＋"日"＋;
time() ＋ Chr(13)＋ fwqltnr　　&& 向聊天记录框添加接收到的内容

ENDIF

(6)服务器端联系好友按钮 Command1 的单击事件 Click 代码。方法是:双击 Command1,默认单击事件 Click,其代码如下:

THISFORM.Timer1.Enabled ＝.f.　　　&& 本时钟停止工作

DO FORM 聊天客户端

RELEASE THISFORM　　　&& 关闭本表单

(7)服务器端清除聊天记录按钮 Command2 的单击事件 Click 代码。方法是:双击 Command2,默认单击事件 Click,其代码如下:

qc＝MESSAGEBOX("您真的要清除聊天记录吗?",36,"请您选择")　　&& 清除警告

IF qc＝6

THISFORM.edit2.Value＝" "　　　&& 清除聊天输入框中的文字

THISFORM. Timer1. Enabled ＝.T.　　　&& 再次激活时钟 1,继续监听和显示网络状况

ENDIF

(8)服务器端发送按钮 Command3 的单击事件 Click 代码。方法是:双击 Command3,默认单击事件 Click,其代码如下:

IF THISFORM. olecontrol1. object. State＝7

&& 如果联机入网,7 表示已经连接

IF LEN(THISFORM. edit3. Value)＞0

&& 如果聊天输入框内容长度大于 0──不是空白的

THISFORM. olecontrol1. object. SendData(ALLTRIM(THISFORM. text1. Value)＋"对您说:"＋;

THISFORM. edit3. Value)　　&& 带昵称发送信息给好友

THISFORM. edit2. ForeColor＝RGB(0,0,255)　　&& 修改颜色为蓝色

THISFORM. edit2. Value＝thisform. edit2. Value＋ Chr(13)＋DTOC(DATE())＋"日"＋;

time() ＋ Chr(13);

&& 在聊天记录框显示聊天日期和时间

＋allt(thisform. text1. Value)＋" 说:"＋THISFORM. edit3. Value

&& 在聊天记录框显示聊天内容

thisform. edit2. SelStart＝LEN(thisform. edit2. Value)

&& 指定编辑框 EDIT2 的起点是编辑框的总长度位置,即显示该编辑框最后一行

THISFORM. edit3. Value＝""

&& 清除聊天输入框中的文字

ELSE

　　MESSAGEBOX("你还没输入聊天内容呢!",0,"输入出错提示")　　&& 警告

ENDIF

ELSE

　　MESSAGEBOX("没有联网的好友!",0,"联网出错提示")　　&& 警告

ENDIF

(9)服务器端退出按钮 Command4 的单击事件 Click 代码。方法是:双击 Command4,默认单击事件 Click,其代码如下:

tc＝MESSAGEBOX("您真的要退出吗?",36,"请您选择")　　&& 警告

IF tc＝6

RELEASE THISFORM　&& 也可以用 THISFORM. RELEASE

Application. AutoYield ＝ .T.　　　&& 允许 VFP 按一般方法控制事件

ENDIF

(10)服务器端断开连接按钮 Command5 的单击事件 Click 代码。方法是:双击 Command5,默认单击事件 Click,其代码如下:

dk＝MESSAGEBOX("您真的要断开当前连接吗?",36,"请您选择")　　&& 警告

IF dk＝6

```
THISFORM.olecontrol1.object.Close   && 关闭网络连接
THISFORM.Timer1.Enabled= .F.   && 本时钟停止工作,防止重复不间断的添加联机成功信息
thisform.edit1.Value=""   && 清空联机信息
&& 以下命令在 EDIT1 编辑框重新显示本机信息,注意第 1、2 行后使用的是英文分号
thisform.edit1.Value= "本机的 IP 地址是:"+thisform.olecontrol1.LocalIP+;
CHR(13)+"本机的名称是:"+thisform.olecontrol1.LocalHostName+;
CHR(13)+"本计算机通信端口是:"+STR(thisform.olecontrol1.LocalPort ,4)
THISFORM.Timer1.Enabled = .T.     && 再次激活时钟1,继续监听和显示网络状况
ENDIF
```

六、客户端的设计

1. 聊天客户端功能说明

客户端主要功能是分析判断并显示网络状态,用户可修改昵称,设置通信端口,选择合法 IP 地址,呼叫好友。在呼叫联机成功后,显示与好友联机信息,可实现点对点聊天,显示聊天记录。客户端还可以断开联机,也可以跳转到服务器端,等待好友呼叫,或直接退出系统。

2. 聊天客户端表单的建立

本软件的客户端是通过将服务器端另存为客户端后再修改而得到的。具体操作方法是:在调试好服务器端后,单击菜单中的"文件(F)",单击"另存为(A)…"→"聊天客户端"→"保存"。然后在项目管理器菜单里单击"文档",选择项目管理器右侧"另添加",选择"聊天客户端"→"确定"。这样就完成了聊天软件聊天客户端表单的初步建立。

3. 聊天客户端表单界面设计要求

客户端除了必须提供一些与服务器端相同的可操控工具外,还必须增添其他一些按钮工具,删减一些不需要的控件。本聊天软件客户端窗口设置如图 2-7-4 所示。

技巧提示:

快速建立客户端的方法是:为让用户感觉始终使用的是一个聊天窗口,服务器端和客户端窗口大小、风格、标签和命令按钮的位置等都应一样。为此,可以直接将服务器端的表单另存为客户端,然后删减添加控件,设置控件属性,修改调整客户端的程序代码,最后将客户端的表单添加到项目管理器中。

图 2-7-4

4.客户端表单对象属性设置

由于聊天客户端表单是从服务器端直接复制来的,表单和各个控件的属性可修改的极少,部分控件需要删除或增加。为了便于用户选择呼叫好友 IP 地址,我们将服务器端的列表框 List1 删除,并在相应位置添加一个组合框 Combo1。为了实现从客户端转变为服务器端的功能,可在窗口右下角添加一条命令按钮 Command6。

客户端表单控件主要属性设置如表 2-7-2 所示(学生可以修改字体、字号、字色等属性,使其美观合理即可)。

表 2-7-2

控件名	属性	属性值及作用	控件名	属性	属性值
Form1 (表单)	BorderStyl Caption Closable Height Picture ShowWindow MaxButton Width	2—固定对话框(不可调) 真心在线聊天客户端 .F. —假(关闭按钮失效) 548(高度) (学生自己添加) 2—作为顶层表单 .F. —假(最大化失效) 305(宽度)	Container1 (容器)	Height Width	96 290
			Text1(文本框)	Width	130
			Text2(文本框)	Width	130
			Combo1 (组合框)	Height Width	25 130
Label1 (标签)	Caption BackStyle	您的昵称 0—透明	Edit1(编辑框)	DisableDback Height Readonly Width	192,192,192 (灰色) 72 .T. —真(只读) 290
Label2 (标签)	Caption BackStyle	选择好友的 IP 地址 0—透明			
Label3 (标签)	Caption BackStyle	通信端口设置 0—透明	Text3(文本框)	Width Readonly	130 .T. —真(只读)
Label4 (标签)	Caption BackStyle	联机信息如下: 0—透明	Edit2(编辑框)	DisableDback Height Readonly Width	192,192,192 (灰色) 132 .T. —真(只读) 290
Label5 (标签)	Caption BackStyle	聊天记录如下: 0—透明	Edit3(编辑框)	Height Width	72 290
			Command1	Caption	呼叫好友
Label6 (标签)	Caption BackStyle	在下边输入聊天内容 0—透明	Command2	Caption	清除聊天记录
			Command3	Caption	发送
Timer1 (计时器)	Interval Enabled	100 .T. —真	Command4	Caption	退出
			Command5	Caption	离开
			Command6	Caption	等待连接

5. 数据流程图

客户端流程与服务器端基本相似,如图 2-7-5 所示。

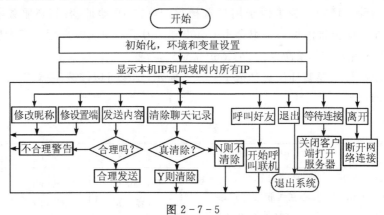

图 2-7-5

6. 客户端程序代码编写

客户端程序和服务器端的程序相似度极高,同时本聊天软件的客户端是服务器端的复制品,它不仅复制了服务器端的表单和控件,还复制了相应的程序代码,因此客户端程序代码的编写相对方便。

为了实现客户端的功能,我们需要对复制过来的程序代码进行删减修改。

(1)客户端窗口初始化程序代码。

客户端窗口初始化的功能是设置窗口位于在靠近屏幕顶部的中间位置,设置运行环境、通信协议、通信端口、昵称等,获取并显示本机计算机名称、本机 IP 和局域网所有 IP。

客户端窗口初始化程序与服务器端基本一样,本软件客户端窗口初始化程序代码如下:

```
THISFORM.LEFT=(_SCREEN.WIDTH-THISFORM.WIDTH)/2

&& 设置当前表单在屏幕的中间位置

THISFORM.TOP=200     && 设置当前表单距离屏幕顶部的位置

SET  CENTURY  ON     && 日期显示设置为千位数显示

SET  DATE  TO  YMD   && 设置日期显示为中文形式

SET MARK  TO  '—'    && 设置日期数据间隔符为"—"号

&& 下面定义几个公有变量,ljks 为联机开始,ltnr 为聊天内容,ljxx 为联机信息,fwqlt-
nr 为服务器聊天内容,fwqdk 为服务器端口

public ljks,ltnr,ljxx, fwqltnr, fwqdk

ljks=0.0      && 公有变量联机开始 ljks 时间为数值型

ltnr=""       && 聊天内容变量赋初值为字符型

ljxx=""       && 联机信息变量赋初值为字符型

fwqltnr=""     && 服务器聊天内容变量赋初值为字符型

THISFORM.Text2.Value = "3333"      && 定义通信端口号,和服务器端要一致
```

THISFORM.olecontrol1.object.Protocol＝0

&& 设定 Winsock 控件的协议为 TCP,值为 0,UDP 协议值为 1

THISFORM.olecontrol1.object.LocalPort ＝;

THISFORM.Text2.Value　　&& 设定本机通信端口

THISFORM.text1.Value＝"真心在线"

&& 设置客户端默认昵称,可以改变

THISFORM.combo1.AddItem("127.0.0.1")

&& 好友的 IP,127.0.0.1 实际上是本机的一个 IP

THISFORM.combo1.AddItem(thisform.olecontrol1.;

localIP)　　&& 添加一个本机的 IP

&& 以下 for 循环将本机所处的局域网 IP 地址全部添加到组

合框内

IPqsd＝LEFT(thisform.olecontrol1.localIP,AT ;

('.',thisform.olecontrol1.localIP,3))

&&IPqsd 为自定义变量:IP 前三段的意思,从本机 IP 前三段

左边截取,AT()函数判断.号在 IP 中第三次出现的位数

FOR i＝1 TO 255

THISFORM.combo1.AddItem(IPqsd＋ALLTRIM(STR(i)))　　&& 删除 i 数值中的空格

ENDFOR

技巧提示:

　　公有变量在服务器端已经声明,在客户端可以使用,不必重复声明,但因为要单独测试调试客户端,这些公有变量声明语句暂时保留,在客户端和服务器端联合测试完成后,可将客户端声明公有变量的语句删除。

THISFORM.edit2.Value ＝ ""　　　　&& 清空接收的聊天文字

THISFORM.edit3.Value ＝ ""　　　　&& 清空输入的聊天文字

THISFORM.text1.Value＝"真心在线"　　　&& 设置客户端默认昵称,可以改变

&& 以下命令在 EDIT1 编辑框显示本机信息,注意第 1、2 行后使用的是英文分号

thisform.edit1.Value＝ "本机的 IP 地址是:"＋thisform.olecontrol1.LocalIP＋;

CHR(13)＋"本机的名称是:"＋thisform.olecontrol1.LocalHostName＋;

CHR(13)＋"本计算机通信端口是:"＋STR(thisform.olecontrol1.LocalPort ,4)

(2)客户端计时器 Timer1 的监听分析显示网络联机状态的代码。双击 Timer1 控件,默认 Timer 过程事件,其代码如下:

* thisform.edit2.ForeColor＝RGB(255,0,0)　&& 修改颜色为红色

ljks＝ljks＋thisform.Timer1.Interval　&& 计算联机开始时间

DO case

CASE　THISFORM.olecontrol1.object.State＝0　&&0 表示未连接,2 表示正在连接

thisform.text3.Value＝ "网络连接处于关闭状态!"

CASE　THISFORM.olecontrol1.object.State＝1

thisform.text3.Value＝ "网络连接一打开!"

CASE　THISFORM.olecontrol1.object.State＝2

thisform.text3.Value＝ "网络等待连接!"

CASE　THISFORM.olecontrol1.object.State＝3

```
      thisform.text3.Value= "网络正在连接!"
CASE  THISFORM.olecontrol1.object.State=4
      thisform.text3.Value= "网络决定主机!"
CASE  THISFORM.olecontrol1.object.State=5
      thisform.text3.Value= "网络主机已决定!"
CASE  THISFORM.olecontrol1.object.State=6
      thisform.text3.Value= "网络主机正在连接 !"
CASE  THISFORM.olecontrol1.object.State=8
      thisform.text3.Value= "网络连接被远程计算机关闭 !"
CASE  THISFORM.olecontrol1.object.State=9
      thisform.text3.Value= "网络连接出错 ,请稍等再次连接……"+;
"消耗时间(秒)= ";
      +ALLTRIM(STR((ljks/1000)))      &&1 秒=1000 毫秒
      THISFORM.Olecontrol1.object.Close   && 关闭连接
      ENDCASE

      IF THISFORM.olecontrol1.object.State=7   && 如果连接成功,7 表示已经连接
      THISFORM.Caption =ALLTRIM(thisform.text1.Value)+ "正在聊天"
      && 客户端与服务器端联机后的标题
      IF LEFT(thisform.text3.Value,2)<>"与"
      && 如果联机状态文本框没有显示联机状态信息
      thisform.text3.Value="与好友成功联网的时间是:"+DTOC(DATE())+"日"+;
time()+"共消耗时间(秒)= " +ALLTRIM(STR((ljks/1000)))    && 显示联网信息
      ENDIF
      THISFORM.olecontrol1.object.SendData("ZZXHYLJCG"+;
THISFORM.olecontrol1.object.LocalIP)
      && 发送本机联机成功识别码和本机 IP 给服务器端,ZZX 是张正新老师的拼音简写,
HYLJCG是"好友联机成功"的汉语拼音简写
      THISFORM.Timer1.Enabled =.f.
      && 本时钟停止工作,防止重复不间断地添加联机成功信息
      ENDIF
```

(3)客户端网络控件建立网络连接时的代码。方法是:双击 Olecontrol1 控件,选择过程 ConnectionRequest ,其代码如下:

```
      LPARAMETERS requestid
      && 首先检查 WinSock 控件的 State 属性是否为关闭的。如果不是,在接受新的连接之前
先关闭此连接
      If THISFORM.olecontrol1.State <> 0   && 如果没关闭——即已经连接
      ThisForm.olecontrol1.OBJECT.Close ()     && 断开原来的连接,重新连接
      ENDIF
```

THISFORM.olecontrol1.object.Accept(requestID)

&& 接收服务器端具有 requestID 参数的连接

DO while THISFORM.olecontrol1.object.state<>7

&&DO 循环的条件是了没有联网

DOEVENTS && 激活接收带 requestID 参数的连接事件

ENDDO

(4)客户端网络控件数据到达时的方法代码。方法是：双击 Olecontrol1 控件，选择过程 DataArrival，其代码如下：

LPARAMETERS bytestotal && 定义参数字节总数

ljxx= SPACE(256)

&& 定义聊天信息变量 ltxx 总字节，使用字符串数据形态取回缓冲区的数据

thisform.Olecontrol1.OBJECT.GetData(@ljxx)

&& 将取回的数据即存在变量 ljxx 中，VFP 需要加@

? chr(7) && 接收到聊天内容就发出鸣叫

chengdu = Len(ljxx) && 计算接收到的字符串总长度

If LEFT(ljxx,10) == "ZZXFWQLJCG" Then

&& 如果接收到的字符串为"ZZXFWQLJCG"说明服务器联机成功，这是服务器端设置的联机成功识别码，ZZX 是张正新老师的拼音简写，FWQLJCG 是"服务器联机成功"的汉语拼音简写

thisform.edit1.Value= thisform.edit1.Value+CHR(13)+time() +;

"您已经联机入网了"

THISFORM.combo1.Value=thisform.Olecontrol1.OBJECT.RemoteHostIP

&& 好友的 IP 列表框指针指向联网好友 IP。

thisform.edit1.Value= thisform.edit1.Value+CHR(13)+"好友的 IP 地址是:"+;

thisform.olecontrol1.remoteHostIP

ELSE

IF ljxx <>"ZZXHYLJCG" THEN

&& 如果接收到的信息不是本机自动发送的联机成功信息

thisform.edit2.Value= thisform.edit2.Value+CHR(13)+DTOC(DATE())+"日"+;

time() + Chr(13)+ ljxx

&& 向聊天记录框添加接收到的内容

thisform.edit2.SelStart=LEN(thisform.edit2.Value)

&& 指定编辑框 EDIT2 的起点是编辑框的总长度位置，即显示该编辑框最后一行

ENDIF

ENDIF

(5)客户端网络控件接收数据时的代码。方法是：双击 Olecontrol1 控件，选择过程 Getdata，其代码如下：

LPARAMETERS data, type, maxlen

```
THISFORM.olecontrol1.object.GetData(ltnr)
```
&& 接收聊天内容数据被存放到变量 ltnr 里
```
If ltnr <>"ZZXHYLJCG" Then
```
&& 如果接收到的信息不是本机发出的,防止单机测试出问题
```
thisform.edit2.Value=  thisform.edit2.Value+CHR(13)+DTOC(DATE())+"日"+;
time() + Chr(13)+ ltnr
```
&& 向聊天记录框添加接收到的内容
```
ENDIF
```
(6)客户端呼叫好友按钮 Command1 的单击事件 Click 代码。方法是:双击 Command1,默认单击事件 Click,其代码如下:
```
If THISFORM.Olecontrol1.object.State<> 0   && 如果本连接没关闭
THISFORM.Olecontrol1.object.Close   && 关闭连接,防止重复连接
ENDIF
IF LEN(THISFORM.combo1.Value)<8
```
&& 如果好友 IP 地址长度小于 8 为,因为测试的最小 IP127.0.0.1 的长度为 9
```
MESSAGEBOX("没有选择好友 IP 或 IP 地址错误",0,"好友 IP 地址错误")   &&IP 错误警告
ELSE
    THISFORM.timer1.Enabled= .T.
```
&& 激活联机诊断时钟,继续监听和显示网络联机状态

&& 下面命令是客户端的关键命令,作用是连接 Connect 好友的 IP 地址和通信端口,也就是服务器端的 IP 地址和通信端口,这样个数据必须和服务器端一致才可以呼叫成功
```
THISFORM.Olecontrol1.object.Connect(THISFORM.combo1.Value,;
THISFORM.text2.Value)
    ENDIF
```
(7)客户端清除聊天记录按钮 Command2 的单击事件 Click 代码。方法是:双击 Command2,默认单击事件 Click,其代码如下:
```
qc=MESSAGEBOX("您真的要清除聊天记录吗?",36,"请您选择")   && 警告
IF qc=6
THISFORM.edit2.Value="  "   && 清除聊天输入框中的文字
THISFORM.Timer1.Enabled =.T.      && 激活时钟 1,继续监听和显示网络联机状态
ENDIF
```
(8)客户端发送聊天内容按钮 Command3 的单击事件 Click 代码。方法是:双击 Command3,默认单击事件 Click,其代码如下:
```
IF THISFORM.olecontrol1.object.State=7   && 如果联机入网,7 表示已经连接
IF LEN(THISFORM.edit3.Value)>0
```
&& 如果聊天输入框内容长度大于 0——不是空白的
```
THISFORM.olecontrol1.object.SendData(ALLTRIM(THISFORM.text1.Value)+;
"对您说:"+THISFORM.edit3.Value )   && 带昵称发送信息给好友
thisform.edit2.ForeColor=RGB(0,0,255)   && 修改颜色为蓝色
```

thisform.edit2.Value＝thisform.edit2.Value＋ Chr(13)＋DTOC(DATE())＋"日"＋;
time() ＋ Chr(13); && 在聊天记录框显示聊天日期和时间

　　＋allt(thisform.text1.Value)＋" 说:"＋THISFORM.edit3.Value

　　&& 在聊天记录框显示聊天内容

thisform.edit2.SelStart＝LEN(thisform.edit2.Value)

　　&& 指定编辑框的起点是编辑框的总长度位置,即显示该编辑框最后一行

THISFORM.edit3.Value＝""   && 清除聊天输入框中的文字

ELSE

　　MESSAGEBOX("你还没输入聊天内容呢!",0,"输入出错提示") && 警告

ENDIF

ELSE

　　MESSAGEBOX("你还没有联网呢!",0,"联网出错提示") && 警告

ENDIF

* thisform.Edit2.Refresh   && 刷新编辑框显示最后一行

　　(9)客户端退出按钮 Command4 的单击事件 Click 代码。方法是:双击 Command4,默认单击事件 Click,其代码如下:

tc＝MESSAGEBOX("您真的要退出吗?",36,"请您选择") && 警告

IF tc＝6

RELEASE THISFORM   && 也可以用 THISFORM.RELEASE

Application.AutoYield ＝ .T. && 允许 VFP 按一般方法控制事件

ENDIF

　　(10)客户端离开按钮 Command5 的单击事件 Click 代码。方法是:双击 Command5,默认单击事件 Click,其代码如下:

* * * * 离开,可重新呼叫好友

dk＝MESSAGEBOX("您真的要离开当前好友吗?",36,"请您选择") && 警告

IF dk＝6

THISFORM.olecontrol1.object.Close   && 关闭网络连接

THISFORM.Timer1.Enabled＝ .F.   && 时钟 1 失效

thisform.edit1.Value＝""   && 清空联机信息

&& 以下命令在 EDIT1 编辑框重新显示本机信息

thisform.edit1.Value＝ "本机的 IP 地址是:"＋thisform.olecontrol1.LocalIP＋;

　　CHR(13)＋"本机的名称是:"＋thisform.olecontrol1.LocalHostName＋;

　　CHR(13)＋"本计算机通信端口是:"＋STR(thisform.olecontrol1.LocalPort ,4)

THISFORM.Timer1.Enabled ＝.T.   && 再次激活时钟 1,继续监听和显示网络联机状态

ENDIF

　　(11)客户端等待连接按钮 Command6 的单击事件 Click 代码。方法是:双击 Command6,默认单击事件 Click,其代码如下:

ddlj＝MESSAGEBOX("您是否真的要重新等待连接?",36,"等待链接将离开当前;

好友请您选择") && 警告

```
IF ddlj=6
    THISFORM.olecontrol1.object.Close  && 关闭客户端网络连接
    RELEASE THISFORM  && 也可以用 THISFORM.RELEASE
    DO FORM 聊天服务器端  && 打开并返回聊天服务器端窗口
ENDIF
```

七、聊天软件的测试

服务器端和客户端需要分别测试,最后联合测试。

1. 聊天服务器端的测试

首先运行聊天服务器端。由于聊天服务器端是一个被动接受呼叫的通信侦听端,所以在单机上不能完整地单独测试聊天服务器端的所有功能,因此我们先测试聊天服务器端的一般功能,即测试聊天服务器端的界面合理性、美观性和各个按钮的功能。

2. 聊天客户端的测试

在单机上可以较完整地测试聊天客户端的各个功能。运行聊天客户端的方法有多种,但较严格的方法是在运行了聊天服务器端后单击聊天服务器端上的"联系好友"按钮打开聊天客户端,然后测试。不过一旦在本机聊天服务器端上单击"联系好友"后,就会关闭聊天服务器端。

(1)通信端口的设置。要聊天必须在聊天客户端先设置好通信端口,我们设置默认的通信端口为3333,用户可以修改,但必须保证通信端口应该和服务器端一致(单机测试客户端时通信端口可以不与服务器端一致)。

(2)好友 IP 地址的选择。由于是点对点的聊天,所以要聊天还必须选择好友的 IP。本软件已经将聊天客户端所在的局域网所有的 IP 地址自动添加到好友 IP 组合框内了,可方便选择,也避免了手动输入错误 IP。但是此时本机聊天服务器端已经关闭,如果其他电脑上没有运行聊天服务器端,要单独测试聊天客户端也可以,只是好友 IP 只有三个选择:本机 IP、127.0.0.1(实际还是本机的一个特殊 IP)、局域网广播 IP。这三个 IP 地址我们也添加到好友 IP 地址栏了,因此可以很方便地进行客户端的测试。

(3)呼叫好友。我们选择好友的 IP 地址为 127.0.0.1,然后单击"呼叫好友",然后会很快联网成功,用红色显示出联机的日期、时间和耗时。如果呼叫好友不成功,可再次呼叫。

(4)测试聊天和其他功能。联机成功后可测试聊天和其他功能。如图 2-7-6 所示在单机测试客户端聊天时,客户端的"真心在线"发送"你好","聊天记录如下"文本框内显示了两条记录,说明程序运行是正确的。因为一条是客户端发送的"真心在线说:你好",另一条是服务器端接收到的"真心在线对您说:你好"。

3. 联合测试

但是我们预先设计的要在"联机信息如下:"的文本框内要显示远程的 IP 等信息没显示出来,这是因为真正的服务器端已经在本机上关闭了。所以要完整地测试整个系统,应该在两台电脑上测试,一台电脑上运行聊天服务器端,另一台电脑运行聊天客户端。

图 2-7-7 是在 IP 地址为 192.168.31.205 运行服务器端,在 IP 地址为 192.168.31.16 的电脑上运行客户端,客户端呼叫服务器端的聊天实情。

本聊天软件联机成功后,客户端和服务器端都可以聊天发送文字,也可以修改昵称,修改后聊天记录会显示新的昵称。

如果客户端电脑想变换为服务器端只需要在客户端单击"等待连接"按钮即可。

服务器端电脑想变换为客户端只需要在服务器端单击"联系好友"按钮即可。

图 2 - 7 - 6   图 2 - 7 - 7

八、撰写实验报告

撰写一份本次实验报告,实验报告中必须有本次实验两个表单设计图和聊天效果图各一个,共计 4 个截图。

项目八　Visual FoxPro 与 Excel 数据交互处理

【实验类型】设计型。

【实验学时】4 课时。

【实验目的】

1. 使学生深入理解 Excel 表和数据库的关系。

2. 学习并掌握使用 Visual FoxPro 的表单对 Excel 表的数据的交换预处理方法。

3. 拓宽学生对数据库应用的认知范围,加深学生对数据库应用重要性的认识。

【实验准备】

1. 理论准备:复习有关 Excel 的基本知识和 Visual FoxPro 有关数据库基本知识。

2. 准备好一张窗口背景照片和"学生基本情况"表中每个学生照片。

3. 提前预习本次实验项目内容,全面理解实验项目的目的、方法和步骤。

本次实验内容是先设计一个 Excel 表,并设置好 Excel 表的格式和计算公式,然后设计一个 Visual FoxPro 表单对 Excel 表中的数据进行有关操作,实现 Visual FoxPro 与 Excel 数据的交互处理。

一、建立实验文件夹

在 D 盘建立一个文件夹,文件夹的名字为"×××班×××实验八"。×××表示学生自己的班级和自己的姓名。

二、修改默认目录

修改默认目录的操作方法与前面的实验项目相同。

三、建立 Excel 表

1. 电子表格 Excel 和数据库的关系

我们日常使用的电子表格 Excel 实际上是一种可视化很高的数据库应用程序,其背后有自己的数据库。平时用户使用电子表格 Excel 输入的数据被自动识别(或按用户的规定)数据类型和数值后记录在 Excel 背后的数据库中,用户使用的 Excel 表格只是 Excel 数据库的应用浏览界面,其特点是所见即所得,可视性强,操作简单,不需要编程就能制作相对复杂的表格。现在微软和金山 WPS 的电子表格 Excel 的发展越来越强大,但从数据定义、采集、处理和控制方面综合考量,电子表格 Excel 仍然无法与最简单的数据库 FoxPro 相比。

电子表格 Excel 和数据库的区别主要表现在以下方面。

(1)数据库是严格二维表格的,电子表格 Excel 应用界面不是一个严格的二维表。但是电子表格 Excel 本质上也是二维表,电子表格的每个单元格对应数据库中的一个字段的一条记录。由于电子表格 Excel 为了满足用户视觉和打印的可视化需要,其单元格可以合并,行也可以汇总,不过合并后的单元格或行只对应数据表中的某个字段的一条记录,因此,Excel 中合并几个单元格后形成的貌似分叉的表格,其实在数据表中仍是二维表。

(2)数据库的表格可视化操作相对低些,Excel 表格几乎全是可视化操作,非常方便,所见所得,极其灵活。

(3)数据库编程功能很强大,可开发应用软件,但 Excel 只能用宏(VBA)设计 Excel 智能表格——尽管这种表格功能强大——但不能完全等同于软件。

(4)对于远程数据的采集和处理适合数据库,电子表格 Excel 也可以收集远程的数据,但其功能大大受限。

我们本次的实验实战将实现 Visual FoxPro 与 Excel 数据交互处理。

2. 建立个 Excel 电子表格

首先我们用 Microsoft Office Excel 建立一张名为"学生基本情况"的 Excel 表格,表格的第一行方列分别是:学号、姓名、性别、出生日期、民族、身份证、籍贯、邮编、家庭地址、专业、班级、党员否、是否贷款、入学成绩、手机号码、照片,如表 2-8-1 所示。

学号	姓名	性别	出生日期	民族	身份证	籍贯	邮编	家庭地址	专业	班级	党员否	是否贷款	入学成绩	手机号码	照片
1901014001	王琪	女	2001/2/23	汉族	44842819700706****	浙江省温州市	610000	浙江省温州市	国际贸易	国贸1901	是	否	576.5	135*********	王琪.jpg
1901014002	薛宇成	男	2001/4/21	汉族	44842819700706****	陕西省西安市	610001	陕西省西安市	国际贸易	国贸1901	否	否	564	135*********	薛宇成.jpg
1901014003	张美丽	女	1999/6/28	汉族	44842819700706****	北京海淀区	610002	北京海淀区	国际贸易	国贸1901	否	否	581.5	135*********	张美丽.jpg
1902014040	李丹阳	男	2000/3/25	回族	44842819700706****	天津市海滨新区	610003	天津市海滨新区	国际贸易	国贸1902	否	否	587	135*********	李丹阳.jpg
1902014001	张册	男	2001/7/12	汉族	44842819700706****	辽宁沈阳市	610004	辽宁沈阳市	国际贸易	国贸1902	否	否	583	135*********	张册.jpg
1901024001	李伟	女	2001/3/26	汉族	44842819700706****	陕西汉台区	723001	陕西汉台区	经济学	经济学1901	否	否	597	135*********	李伟.jpg
1901024002	罗春丽	女	1999/4/15	汉族	44842819700706****	陕西洋县	723002	陕西洋县	经济学	经济学1901	否	否	565	135*********	罗春丽.jpg
1901024003	赵晓丽	女	2000/4/18	蒙古族	44842819700706****	陕西安康市	723003	陕西安康市	经济学	经济学1901	否	否	586.5	135*********	赵晓丽.jpg
1902024041	康宏	男	2001/5/28	汉族	44842819700706****	四川成都市	723004	四川成都市	经济学	经济学1902	否	否	574	135*********	康宏.jpg
1902024021	刘全	男	2001/6/17	汉族	44842819700706****	湖北省武汉市	723005	湖北省武汉市	经济学	经济学1902	否	否	579	135*********	刘全.jpg
1901094021	张思涵	女	2000/8/24	汉族	44842819700706****	陕西省宝鸡市	723006	陕西省宝鸡市	物流管理	物流1901	否	否	587.5	135*********	张思涵.jpg
1901094022	李倩	女	2001/6/13	汉族	44842819700706****	陕西省渭南市	723007	陕西省渭南市	物流管理	物流1901	否	否	597	135*********	李倩.jpg

图 2-8-1

注意:可以用金山的 WPS 建立"学生基本情况. XLS"电子表格,但用 Visual FoxPro 菜单导入——即直接用 Visual FoxPro 的 Copy 命令会出错。不过用本书本章后面的程序法则不会出错。

表格内容学生自己输入,至少5行。

特别强调:必须有表中的照片。并且照片名和姓名要对应,格式可以不限制,但必须是一寸照片,尺寸不能大于一寸。

3. 将这个电子表格保存为 VFP 命令可转换的 Excel 文件

选择"文件"→"另存为"→"文件类型(T)"→"Microsoft Excel 5.0/95 工作簿",输入要保存的文件名"学生基本情况",点击"保存",如图 2-8-2 所示。

图 2-8-2

4. 再建立一个带特殊格式的学生个人基本情况 Excel 表文件

日常工作中常常要填写或打印的表格其格式比较特殊，相对复杂，我们可以制作一个模板供填表人使用。如果表格中的信息行数不多，工作人员手工填写可以完成，如果表格中的信息行数成千上万，甚至更多，并且动态增长，那工作量将是非常巨大的。但能否让计算机自动填写这种特殊的表格呢？当然有，下面我们使用 Visual FoxPro 完成此类工作。

我们需要建立针对"学生基本情况"这个 Excel 电子表，我们可以再建立一个有特殊格式的 Excel 电子表文件，其内容和格式如图 2 - 8 - 3 所示。

	学生个人基本情况表模板						
姓名		性别		出生年月		民族	
籍贯					邮编		
常住地址							相片
专业				班级			
身份证号码			移动电话				
入学成绩		是否党员			是否贷款		
奖惩情况							

图 2 - 8 - 3

按照图合并应该合并的单元格，设置字体字号和边框线条等，然后将这个电子表格保存到本实验项目文件夹下，文件名为"学生个人基本情况表模板"，文件类型可以是 XLS 或 XLSX，本次实战实验的文件名为"学生个人基本情况表模板.XLS"。

四、利用菜单完成 Visual FoxPro 与 Excel 文件转换

1. 使用 Excel 菜单将电子表格转换为 Visual FoxPro 数据表

在 Excel 电子表格中可以直接将 Excel 电子表格保存为 Visual FoxPro 数据表。编辑软件可以是 WPS 或 Microsoft Office Excel 2013 版极其更高版本。具体方法是：单击"文件"→"另存为"→单击"文件类型（T）"，选择"dbase 文件（ * . dbf）"，输入要保存的文件名"学生基本情况"，点击"保存"，如图 2 - 8 - 4 所示。

图 2 - 8 - 4

2. 使用 Visual FoxPro 菜单将电子表格转换为 Visual FoxPro 数据表

用 Visual FoxPro 菜单可以导入 Excel 表文件（扩展名为 XLS）为数据表文件（扩展名为 DBF）。

用这种方法要保证必须 Excel 表文件必须是用微软的 Microsoft Excel 编辑并保存为 Excel 5.0/95 格式的工作簿（扩展名为 XLS）。具体方法是打开 Visual FoxPro 后，单击"文件"→"导入"，选择"类型"→"来源文件"→"工作表"，点击"确定"，完成电子表格转换为 Visual FoxPro 数据表。如图 2－8－5 所示。

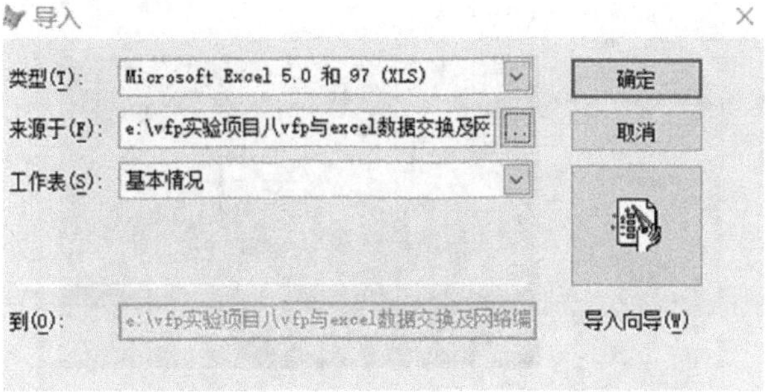

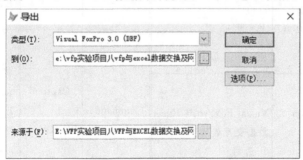

图 2－8－5

以上菜单操作实际上等同于命令"IMPORT FROM e:\vfp 实验项目八 vfp 与 excel 数据交换及网络编程\基本情况.xls TYPE XL8 SHEET"　　"　　"。

但此命令用在 Visual FoxPro 的表单程序中常常因文件名使用变量而出现"ole 错误代码 0X80030020:A share violation has occurred"错误，并且对要转换的 Excel 表格格式有严格的要求——只能对 Microsoft Excel 编辑并保存为 Excel 5.0/95 格式的电子表格进行转化，所以实际软件开发中不采用这种容易产生 BUG 的命令编程。

3. 使用 Visual FoxPro 菜单将 Visual FoxPro 数据表转换为 Excel 电子表格文件

具体方法是：打开 Visual FoxPro 后，单击"文件"→"导出"，选择"类型"→"来源文件""工作表"，点击"确定"，完成 Visual FoxPro 数据表转换为 Excel 电子表格。如图 2－8－6 所示。

图 2－8－6

以上菜单操作实际上等同于命令"COPY TO 文件主名.DBF"。

五、设计一个 Visual FoxPro 与 Excel 数据交互处理的表单

（1）该表单功能要求如下：

该表单能完美地将任何格式的 Excel 表格转换为 DBF 数据表。

该表单可以将 DBF 数据表转换为 Excel 表格。

该表单可以将 DBF 数据表中的数据记录添加到有特殊格式的 Excel 表格中，例如学生个

人基本情况表。

（2）建立一个名为"Visual FoxPro 与 Excel 数据交互处理"的表单,其界面和主要控件如图 8-7 所示。

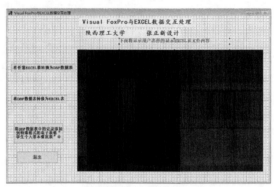

图 2-8-7

（3）表单各控件主要属性设置如表 2-8-1 所示。

表 2-8-1

控件名	属性	属性值	控件名	属性	属性值
Form1	BorderStyle Caption Height Width MaxButton	2-固定对话框 Visual FoxPro 与 Excel 数据交互处理 740 1140 .F.-假	Command1	Caption	将任意 Excel 表转换为 DBF 数据表
			Command2	Caption	将 DBF 数据表转换为 Excel 表
Label1	Caption BackStyle	Visual FoxPro 与 Excel 数据交互处理 0-透明	Command3	Caption WordWrap	将 DBF 数据表中的记录添加到特殊格式的电子表格"学生个人基本情况表"中 .T.
label2	Caption	××××学生的姓名设计	Olecontrol1	Height Left Width	516 324 800
Label3	Caption Height Width	下面将显示用户选择的表格内容 50 500	Command4	Caption	退出

注意:本表单关键的控件是浏览网页的 Olecontrol1,它的添加方法步骤是:在表单控件工具框中选择"ActiveX"控件（Olecontrol），单击表单,选择"插入控件"→"Microsoft Web Browser",点击"确定",如图 2-8-8 所示。

图 2-8-8

（4）编写窗口初始化程序。方法是:双击 Form1 表单,选择过程事件"Activate",输入以下代码:

THISFORM.LEFT＝(_SCREEN.WIDTH－THISFORM.WIDTH)/2

THISFORM.TOP＝100

&& 设置当前表单顶部位置在整个屏幕顶部的位置

SET CENTURY ON && 日期显示设置为千位数显示

SET DATE TO YMD && 设置日期显示为中文形式

SET MARK TO '—' && 设置日期数据间隔符为"—"号

PUBLIC EXWj, DBFWJ, GZBM

EXWJ＝"" && 选择 Excel 文件名

DBFWJ＝"" &&DBF 文件名

GZBM＝"" && 工作表名

（5）"将任意 Excel 表转换为 DBF 数据表"的算法及代码。

将 Excel 表转换为 DBF 数据表基本算法提示如图 2-8-9所示。

按钮 Command1 的单击事件 Click 代码如下:

WJ＝GETFILE('XLS,XLSX', "请选择 Excel ;

电子表格文件") && 选择电子表格文件

IF LEN(WJ)＝0 && 如果空文件名

　　MESSAGEBOX("你没有选择电子表格 Excel 文件!",;

0＋48,"选择错误提示")

RETURN

ELSE

　IF JUSTEXT(WJ) ≠ "XLS"

&& 获得文件扩展名不是 XLS——电子表格

　　　MESSAGEBOX("您选择的不是 Excel 文档!",0＋48;

"选择错误提示")

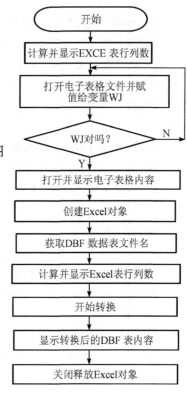

图 2-8-9

```
            RETURN
     ENDIF
  ENDIF


  MESSAGEBOX("单击"确定"后再在新的对话框中单击"打开"将在右侧显示 Excel；
文件内容",1,"即将显示你选择的 Excel 文件显示如下：")
  THISFORM.OLECONTROL1.NAVIGATE(WJ, 0, NULL, NULL, NULL)
  THISFORM.LABEL3.WORDWRAP= .T.
  THISFORM.LABEL3.CAPTION="你选择 Excel 文件"+WJ+"内容显示如下："


  OExcel=CREATEOBJECT('Excel.APPLICATION')
  OExcel.WORKBOOKS.OPEN(WJ)        && 打开文件
  R=OExcel.SHEETS(1).USEDRANGE.ROWS.COUNT        && 有数据的总行数
  C=OExcel.SHEETS(1).USEDRANGE.COLUMNS.COUNT        && 有数据的总列数


  HANG=ALLTRIM(STR(R))   && 计算有效记录的总行数，并删除前后空格
  OExcel.RANGE("A1:P"+STR(VAL(HANG),LEN(HANG),0)).SELECT
  && 选中从第 1 个单元格到(C,R)单元格数据(另存后只有这些数据)


  IF JUSTEXT(WJ)=="XLS"   &&JUSTEXT()函数获取文件扩展名
  DBFWJ=Strtran(Upper(wj),'.XLS','.dbf')
  && 要保存的文件名，其中 Upper()函数转换为大小写，Strtran()函数把'.XLS'字符串替换
为'.dbf'
  ENDIF


  IF JUSTEXT(WJ)=="XLSX"   &&JUSTEXT()函数获取文件扩展名
  DBFWJ=Strtran(Upper(wj),'.XLSX','.dbf')
  && 要保存的文件名，其中 Upper()函数转换为大小写，Strtran()函数把'.XLSX'字符串替
换为'.dbf'
  ENDIF


  IF FILE(DBFWJ)   && 如果已经有了要保存的文件
  DELETE FILE &DBFWJ        && 删除该文件
  ENDIF
  OExcel.ACTIVEWORKBOOK.SAVEAS(DBFWJ,8)      && 另存为 DBF
  OExcel.ACTIVEWORKBOOK.SAVED=.T.      && 不保存当前 Excel 表
  OExcel.WORKBOOKS.CLOSE      && 关闭表
  OExcel.QUIT      && 退出 Excel
  RELEASE OExcel      && 释放变量
```

```
LCFILENAME= WJ      && 可直接制定文件名,如'D:/TEST.XLS'
OExcel=CREATEOBJECT('Excel.APPLICATION')
OExcel.WORKBOOKS.OPEN('&LCFILENAME')      && 打开文件 Excel 电子表格文件
R=OExcel.SHEETS(1).USEDRANGE.ROWS.COUNT      && 有数据的总行数
C=OExcel.SHEETS(1).USEDRANGE.COLUMNS.COUNT      && 有数据的总列数
OExcel.SHEETS(1).CELLS(13,18).SELECT      && 选中数据,单元格先行数后列数
MESSAGEBOX("你选择的电子表格文件有效记录有:"+ALLTRIM(STR(R))+;
"行"+ALLTRIM(STR(C))+"列",0+48,WJ+"电子表格表格内容统计")

OExcel.SELECTION.NUMBERFORMATLOCAL = "@"      && 把被选定的单元格设为文本格式
OExcel.COLUMNS.AUTOFIT      && 让所有的列宽都自动调整
OExcel.DISPLAYALERTS= .F.
OExcel.ACTIVEWORKBOOK.SAVEAS('TEST.DBF',8)      && 另存为 DBF
OExcel.ACTIVEWORKBOOK.SAVED= .T.      && 不保存当前 Excel 表
OExcel.WORKBOOKS.CLOSE      && 关闭表
OExcel.QUIT      && 退出 Excel
RELEASE OExcel      && 释放变量
MESSAGEBOX("你选择的:"+WJ+"电子表格文件已经成功被转换数据表文件:";
+JUSTSTEM(WJ)+".DBF",64,"将显示转换为 DBF 数据表的记录")
USE JUSTSTEM(WJ)+".DBF"      && 打开表文件
BROWSE    TITLE   JUSTSTEM(WJ)+".DBF"+"数据表内容如下:"      && 浏览表内容
USE
```

(6)"将 DBF 数据表转换为 Excel 表"的算法及代码。将 DBF 数据表转换为 Excel 表的基本算法与"将任意 Excel 表转换为 DBF 数据表"的算法基本一样,但转化的文件格式正好相反,如图 2-8-10 所示。

"将 DBF 数据表转换为 Excel 表"按钮 Command2 的单击事件 Click 代码如下:

```
WJ=GETFILE('DBF','请选择 VFP 数据表文件')      && 选择电子表格文件
IF LEN(WJ)=0  && 如果空文件名
        MESSAGEBOX("你没有选择 VFP 数据表文件!",0+48,"提示")
        RETURN
ELSE
   IF JUSTEXT(WJ) # "DBF"      && 获得文件扩展名不包含 DBF
     MESSAGEBOX("您选择的不是 VFP 数据表文件!",0+48,"提示")
     RETURN
   ENDIF
ENDIF
USE &WJ      && 打开表文件
BROWSE TITLEWJ+"数据表内容如下:"
SF=MESSAGEBOX("你确定要将这个数据表转换为 Excel 表!",;
```

```
1+32,"请你确定")
    IF SF=1
    EXWJ=PUTFILE("转换后文件为(&N):",;
    JUSTSTEM(WJ)+".XLS","XLS")
    && 用户输入转换后的 Excel 文件名并赋值给变量 EXWJ
    COPYTO   &&EXWJ TYPE XL5

        MESSAGEBOX("你选择的:"+WJ+"数据表文件已经成功被转
换;Excel 表格文件:"+EXWJ ,1,;
    "单击"确定"后再单击"打开"将会在右侧显示 Excel;
文件内容!")
    THISFORM.LABEL3.WORDWRAP= .T.
    THISFORM.LABEL3.CAPTION="转换后的 Excel 文件"+;
EXWJ+"内容显示如下:"
    THISFORM.OLECONTROL1.NAVIGATE(EXWJ,0,NULL,NULL,NULL)
    && 显示转换后的 Excel 电子表格
    ENDIF
```

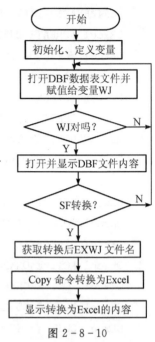

图 2-8-10

(7)"将 DBF 数据表中的记录添加到特殊格式的电子表格学生个人基本情况表"的算法较为复杂,但基本思路和前两个转换文件的算法相似,学生自己可根据以下代码理解算法流程。

"将 DBF 数据表中的记录添加到特殊格式的电子表格学生个人基本情况表"按钮 Command3 的单击事件 Click 代码如下:

```
USE
WJSL=ADIR( XSDBF,(SYS(5)+SYS(2003)+"/学生基本;
情况.DBF"))
&&WJSL 返回查询到"学生基本情况.DBF"文件数量,0 为不存在
IF WJSL<>0  && 如果查到学生基本情况.DBF 表文件
USE XSDBF(1)
COUNT ALL TO A
&& 统计当前"学生基本情况.DBF"表文件的记录数
FOR N=1 TO  A  && 循环 A 次(数据表的记录个数),下面查询并删除重复文件
GOTO N   && 指针指向第 N 条记录
IF FILE(SYS(5) + CURDIR() + ALLTRIM(姓名)+"个人基本情况表.XLS")
&& 如果默认磁盘和目录下有当前学生姓名+个人基本情况表
    DELETE FILE(SYS(5) + CURDIR() + ALLTRIM(姓名)+"个人基本情况表.XLS")
&& 上一句删除重名文件,屏幕不提示
ENDIF


N=N+1   && 指针继续向前移动
IF N>A   && 如果指针到了记录尾部
```

技巧提示:

　　函数 SYS(5)+ SYS(2003)和 SYS(5)+ CURDIR() 的作用相同,都是获取默认磁盘和目录。

```
EXIT    && 退出 FOR 循环
ENDIF
ENDFOR


SL=ADIR( XSDBF,(SYS(5)+SYS(2003)+"/学生个人基本情况表模板.XLS"))
&&WJSL 返回查询到学生个人基本情况表模板.XLS 文件数量
IF SL=0   && 如果没有查到学生个人基本情况表.XLS 电子表格文件,0 为不存在
MESSAGEBOX("当前目录下没有"学生个人基本情况表模拟.XLS"表文件！请用重新建立;
模板文件", 0+48,"学生个人基本情况表模板.XLS 模板电子表格文件!")
RETURN      && 返回
ELSE
    MESSAGEBOX("先单击"确定",然后在新打开的对话框中单击"打开"将在下边显示;
"学生个人基本情况表模板.XLS"模板电子表格表文件!", ;
0+48,"显示"学生个人基本情况模板表.XLS"模板电子表格文件!")
THISFORM.LABEL3.CAPTION=+""学生个人基本情况表模板.XLS";
模板电子表格内容和格式如下:"
    && 显示学生个人基本情况表模板
THISFORM.LABEL3.WORDWRAP= .T.   && 标签文本自动换行显示
THISFORM.OLECONTROL1.NAVIGATE(SYS(5) + CURDIR() +;
"学生个人基本情况表模板.XLS", 0, NULL, NULL, NULL)
    && 上一句显示学生个人基本情况表内容,CURDIR()等同于 SYS(2003)
ENDIF


MESSAGEBOX("当前目录下"学生基本情况.DBF"表文件有"+STR(WJSL,2)+"个,;
    单击"确定"将显示到"学生基本情况.DBF"数据表内容!",48,"查到了:学生基本情况.;
DBF 表文件!")


BROWSE TITLE XSDBF(1)+"数据表内容如下:"
SF=MESSAGEBOX("单击"确定"将自动填表并生成每个学生的个人基本情况电子表格!",;
1+32,"你是否需要系统自动生成每个学生本情况表,请你选择!")
IF SF<>1   && 如果没单击"确定"
        USE
      RETURN
   ENDIF
OExcel=CREATEOBJECT("Excel.APPLICATION")   && 创建 Excel 对象
OExcel.WORKBOOKS.OPEN(SYS(5) + CURDIR() +"学生个人基本情况表模板.XLS")
&& 打开特殊格式的 Excel 文件"学生个人基本情况表"
OExcel.DISPLAYALERTS= .F.
&& 这句非常重要,对旧文件的覆盖存盘不显示提示框关闭后台操作报警
```

```
FOR N=1 TO A
&& 以下循环体内的命令将按照数据表的姓名记录顺序逐一建立格式 Excel 电子表格
IF N>A   && 如果指针到了记录尾部
        EXIT  && 退出 FOR 循环
ENDIF
GOTO N
```

要把数据表 DBF 中的记录添加到电子表格的不同特定单元格,一定要事先知道要填空的电子表格单元格名称或坐标。单元格的坐标表示的格式是:CELLS(行数,列数)。

"学生个人基本情况表模板.XLS"中要填空的特定单元格名称极其坐标值如图 2-8-11 所示。

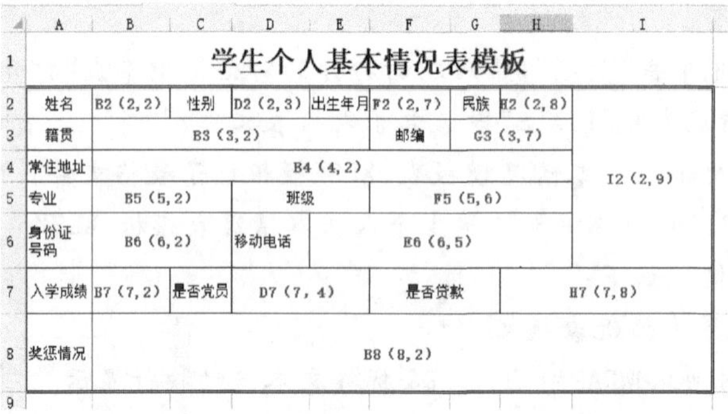

图 2-8-11

填表的程序如下:

```
OExcel.CELLS(1,1).VALUE=ALLTRIM(姓名)+"个人基本情况表"
&& 修改子表格表头(1,1)单元格也就是 A1 单元格。
OExcel.CELLS(2,2).VALUE=ALLTRIM(姓名)
&& 添加姓名字段记录到电子表格(2,2)单元格也就是 B2 单元格,先行数后列数
OExcel.CELLS(2,4).VALUE=性别
&& 添加性别字段记录到(2,4)单元格也就是 D2 单元格
OExcel.CELLS(2,6).VALUE=出生日期
OExcel.CELLS(2,8).VALUE=民族
OExcel.CELLS(3,2).VALUE=籍贯
OExcel.CELLS(3,7).VALUE=邮编
OExcel.CELLS(4,2).VALUE=家庭地址
OExcel.CELLS(5,2).VALUE=专业
OExcel.CELLS(5,6).VALUE=班级
OExcel.CELLS(6,5).VALUE=手机号码
OExcel.CELLS(7,2).VALUE=入学成绩
OExcel.CELLS(7,4).VALUE=党员否
OExcel.CELLS(7,8).VALUE=是否贷款
OExcel.CELLS(8,2).VALUE=奖惩情况
```

OExcel.SHEETS(1).CELLS(2,9).SELECT

&& 选中 CELLS(2,9)单元格也就是 I2 单元格,先行数后列数

OExcel.ACTIVESHEET.PICTURES.INSERT（照片）.SELECT

&& 插入图片

OExcel.SELECTION.SHAPERANGE.WIDTH＝50

&& 图片高度 单位是像素

OExcel.SELECTION.SHAPERANGE.HEIGHT＝150

&& 图片高度　单位是像素

OExcel.SELECTION.SHAPERANGE.LOCKASPECTRATIO＝.T.

OExcel.ACTIVESHEET.COLUMNS(9).COLUMNWIDTH＝15

&& 设置指定列的宽度(单位:磅设定行高为 1 磅,1 磅＝0.035 厘米)

> **技巧提示:**
>
> 　一般单元格的填写可以把 DBF 数据表中的记录直接赋值给 Excel 单元格,但图形图像的赋值一定要选中单元格后,再添加图形图像对象,然后给图形图像赋值并设置图形图像大小比例。

OExcel.ACTIVESHEET.ROWS(2).ROWHEIGHT＝50　&&(设定行高为 1 磅,1 磅＝0.035 厘米)

OExcel.CELLS(6,2).SELECT　　&& 选择单元格

OExcel.SELECTION.NUMBERFORMATLOCAL＝"@"

&& 把被选定的单元格设为文本格式

OExcel.CELLS(6,2).VALUE＝身份证　　&& 大于 13 位变成了为字符型数值

IF !FILE(SYS(5)＋CURDIR()＋ALLTRIM(姓名)＋"个人基本情况表.XLS")

&& 如果默认磁盘和目录下没有当前学生姓名＋个人基本情况表

OExcel.ACTIVEWORKBOOK.SAVEAS(SYS(5)＋CURDIR()＋;

ALLTRIM(姓名)＋"个人基本情况表.XLS")　　&& 另保存文件

　MESSAGEBOX(姓名＋"个人基本情况表.XLS 电子表格已经生成,;单击"确定"后,;

再在新打开的对话框中单击"打开"将显示:"＋ALLTRIM(姓名)＋";

个人基本情况表.XLS 电子表格内容!",48,"恭喜你成功生成"＋姓名＋"个人基本;

情况表.XLS 电子表格")

THISFORM.OLECONTROL1.NAVIGATE(SYS(5)＋CURDIR()＋;

ALLTRIM(姓名)＋"个人基本情况表.XLS", 0, NULL, NULL, NULL)

&& 显示新的学生个人情况表

THISFORM.LABEL3.CAPTION＝ALLTRIM(姓名)＋"个人基本情况表.XLS 电子表格已经生成,;

内容如下:"

&& 显示新生成的学生个人基本情况表

THISFORM.LABEL3.WORDWRAP＝ .T.　　&& 标签文本自动换行显示

ENDIF

N＝N＋1　&& 记录指针增加继续向前移动

OExcel.ACTIVESHEET.PICTURES.DELETE

&& 此句非常重要,在此处先删除图片对象可防止重复添加图片

ENDFOR　　&& 结束大循环,即结束生成新的学生个人情况表格文件

```
OExcel.QUIT      && 关闭 Excel
RELEASE OExcel      && 释放对象变量,以完全结束 Excel 的进程
CLEAR MEMORY      && 释放内存变量
ENDIF      && 结束是否添加记录到个人基本情况表中的判断 IF SF<>1
```

图 2-8-12 是自动生成的第一条记录的学生个人情况表。

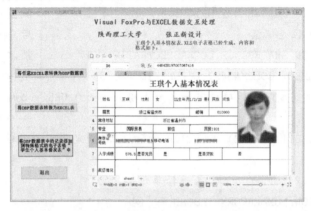

图 2-8-12

(8)"退出"按钮 Command4 的单击事件 Click 代码。方法是:双击 Command4 控件,默认单击事件 Click,其代码如下:

```
TCM=MESSAGEBOX("你决定退出系统吗?",4,"退出提示")
IF TCM = 6
    THISFORM.RELEASE
ENDIF
```

六、撰写实验报告

撰写一份本次实验报告,实验报告中必须有本次实验表单设计图和运行效果图各 1 个,截图不少于 2 个。

项目九 系统软件开发

【实验类型】综合性。

【实验学时】8 课时。

【实验目的】

1. 系统地学习 Visual FoxPro 软件开发全过程。

2. 全面理解和掌握数据库原理及其应用的知识技能。

3. 为更深入理解和掌握其他经济管理软件打下坚实的基础。

【实验准备】

1. 理论准备：有关 Visual FoxPro 所有基本知识。

2. 搜集或制作本实验所需的图标(. ICO)、图像、声音等文件。

3. 实验教师必须提前把安装包制作工具软件及 Visual FoxPro 运行库文件准备好，供学生实验下载使用。

4. 提前安装准备日历控件。

本实验项目通过综合使用数据库技术、面向对象编程技术，建立一个功能相对齐全的学生成绩管理应用系统，实现系统登录设计和学生成绩显示、查询、添加、删除等功能，完成学生管理系统的软件包制作。

本次实验要用到日历控件。安装了 Office 2003 或 2007 版后会自动注册日历控件，但 Office 2007 后续版本不再自动注册甚至没有日历控件，因此如果实验用计算机不是 Office 2007，那么就没有日历控件，实验室老师要提前安装准备 Windows 10 下的日历控件 MSCAL. OCX。注册该日历控件的方法如下：

(1)以"以管理员身份运行"将 MSCAL. OCX 控件复制到系统盘相应目录。32 位 Windows 在"C：\ Windows \ System32"目录下；64 位 Windows 在"C：\ Windows \ SysWOW64"目录下。

(2)注册日历控件。在"C：\Windows\SysWOW64\"目录下找到"cmd. exe"文件，右键单击，选择"以管理员身份运行"，打开"cmd"。

复制"regsvr32 ％windir％\SysWOW64\MSCAL. OCX"命令，右键在"cmd"点击下，会将此行命令粘贴到命令行中，然后点击回车，显示注册成功。如图 2-9-1 所示。

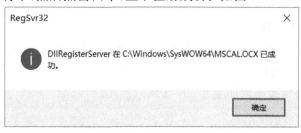

图 2-9-1

32 位 Windows 注册日历控件 MSCAL. OCX 的命令是"regsvr32 ％windir％\System32\MSCAL. OCX"64 位 Windows 注册日历控件 MSCAL. OCX 的命令是"regsvr32 ％windir％\SysWOW64\MSCAL. OCX"。

一、建立文件夹

在 D 盘建立一个文件夹,文件夹的名字是"×××班×××软件项目开发"。

二、设置运行环境

1.修改默认目录

修改默认目录为学生本次实验的新文件夹,方法与实验项目一相同。

2.修改表单显示区大小

单击"工具"菜单的"选项"菜单项,打开"选项"对话框,单击"表单"→"最大设计区",选择"1600 * 1200",点击"确定"。

3.添加图标图片声音文件

将要用到的图像、图形、声音、图标(. ICO)等文件复制到本次实验的文件夹下。

三、建立学生成绩管理项目

建立一个项目,选择"文件"→"新建",文件类型中选"项目"→"新建",选择自己的文件夹,文件名为"×××学生成绩管理系统",点击"保存"。注:这里的×××是学生的姓名。

四、建立数据环境

1.建立项目

在项目管理器中单击"数据库"→"新建…"→"新建数据库…"→"成绩库"。

2.建立系统管理员数据表

(1)在项目管理器中展开"成绩库",单击"表"→"新建"→"新建表…",选择自己的文件夹→表文件名为"管理员"。

(2)管理员表中设置字段两个:姓名和密码,类型为字符,宽度为10。

(3)添加两个管理员:一个姓名为 ADMIN,密码为 ADMIN;另一个姓名为学生的姓名,密码为学生的学号。

如果还要添加数据,可用 APPEND 命令添加新纪录。

3.建立学生成绩数据表

(1)在项目管理器中展开"学生成绩"库,单击"表"→"新建"→"新建表…",选择自己的文件夹,表文件名为"学生成绩"。

(2)"学生成绩"表字段要求如表 2-9-1 所示。

表 2-9-1

字段名	类型	宽度	小数位	字段名	类型	宽度	小数位
学号	字符	10		高数	数值	5	1
姓名	字符	8		数据库原理	数值	5	1
性别	字符	2		计量经济学	数值	5	1
出生日期	日期	8		电子商务	数值	5	1
班级	字符	10		总分	数值	6	1
				平均分	数值	5	1

（3）添加学生成绩记录。

要求：以学生所在班级为例，第一条记录必须是学生自己，其他记录不少于 5 条，总分和平均分不要输入。

如果还要添加数据，可用 Append 命令添加新纪录。

五、登录表单的设计

1. 登录表单的功能说明

登录表单的主要功能是为用户提供一个友好美观的登录窗口，允许用户登录或注册账号，也可以直接退出系统。登录表单对只允许姓名和密码全部正确的用户进入系统，如若新注册账号，那么能判断出系统中是否已经存在该账号，防止重复建立账号。

2. 登录表单的建立

在项目管理器中展开"文档"，单击"表单"→"新建"→"新建表单"。保存该表单到自己的文件夹下，表单文件名为"系统登录"。

3. 系统登录表单界面设计要求

在表单上添加图 2-9-2 所示控件：窗口的大小和各个控件的字体、字色、字号以及控件的图片、鼠标指针由学生自己设计，达到美观、合适、有个性的效果即可。

设置窗口大小为固定风格，用户不可调整。学生必须添加表单背景图片和按钮图标。

图 2-9-2

技巧提示：

　　如果要设置表单的背景图片或窗口和按钮的图标，最好的办法是先将背景图片和图标文件命名为有明确意义的文件名，再将这些图片和图标文件复制到项目文件夹下，然后再设置背景和图标。表单的背景图片属性设置选项为"Picture"，表单图标属性选项为"Icon"；命令按钮的 Picture 一般用 Icon 小图标文件。

　　表单设置了背景图片后标签控件一般要设置为透明效果。

4. 系统登录表单数据源设计

在 Form1 表单上单击右键,选择"数据环境…"→"数据库"→"成绩库"→"管理员"→"添加"。然后关闭数据环境设置器窗口。

5. 设置表单对象属性

表单控件主要属性(学生可以修改字体、字号、字色等属性)如表 2-9-2 所示。

表 2-9-2

控件名	属性	属性值	控件名	属性	属性值
Form1	BorderStyle Caption Height Width ShowWindow MaxButton Picture	2-固定对话框 系统登录 500 800 2-作为顶层表单 .F. 一假 (学生添加)	Label4	Caption BackStyle	请输入你的密码 0-透明
			Text1	Width	170
			Text2	Passwordchar	*
Label1	Caption BackStyle	欢迎登录学生成绩管理系统2020版 0-透明	Command1	Caption Picture	登录 (学生添加)
Label2	Caption BackStyle	国贸×××班×××设计 0-透明	Command2	Caption Picture	注册 (学生添加)
Label3	Caption BackStyle	请输入你的姓名 0-透明	Command3	Caption Picture	退出 (学生添加)

6. 登录系统数据流程

登录系统数据流程如图 2-9-3 所示。

7. 程序代码编写

(1)本窗口激活时的初始化代码。方法是:双击本表单 Form1,选择过程事件"Activate",编写以下代码:

```
OPEN DATA 成绩库
* 以下两句初始化本表单窗口,使其居屏幕中央
THISFORM.LEFT=(_SCREEN.WIDTH-THISFORM.WIDTH)/2
&& 设置当前表单左边位置在整个屏幕的位置
THISFORM.TOP=100    && 设置当前表单顶部位置在整个屏幕顶部的位置
THISFORM.TEXT1.VALUE=""
```

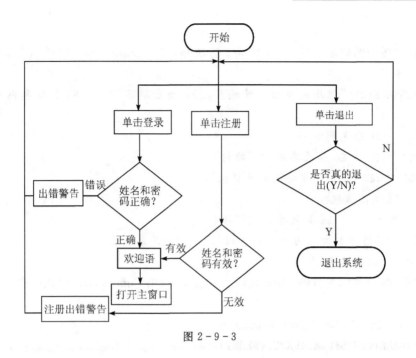

图 2-9-3

THISFORM. TEXT2. VALUE＝""

本段程序编写完后,关闭"Form1. Activate"窗口。如果关闭编程窗口时弹出有错误代码警告信息框,应选择"取消",然后修改错误代码,直到正确为止。

(2)"登录"按钮的单击事件 Click 代码。方法是:双击 Command1,默认单击事件 Click,其代码如下:

```
USE 管理员    && 打开管理员表
XM＝ALLT(THISFORM. TEXT1. VALUE)
&& 将文本框 Text1 的值去掉左右空格后赋值给变量 XM
MM＝ALLT(THISFORM. TEXT2. VALUE)
&& 将文本框 Text2 的值去掉左右空格后赋值给变量 MM
IF LEN(XM)＝0    && 如果姓名 XM 的长度为 0——即没输入姓名
MESSAGEBOX("您还没有输入姓名呢!!!",0,"登录错误提示!")
ELSE    && 如果输入了姓名,下一句查询姓名和密码
  LOCA FOR ALLT(管理员. 姓名)＝＝XM. AND. ALLT(管理员. 密码)＝＝MM
&& 上一句在管理员表中逐条查找姓名和密码完全一致的记录
IF. NOT. EOF()    && 如果查询记录指针没到文件尾,即查找到了
    RELEASE THISFORM    && 那么关闭本表单窗口
    USE&& 关闭管理员表
    MESSAGEBOX( XM＋":您是合法用户,欢迎使用学生成绩管理系统!!!",0,"登录成功!")
DO FORM 主窗口    && 打开主窗口表单
ELSE    && 否则指针移到了记录尾部,说明没查找到
MESSAGEBOX("姓名或密码错误,你无权登录该系统!!!",0,"登录错误提示!")
ENDIF
```

ENDIF

(3)"退出"按钮的单击事件 Click 代码。方法是：双击 Command3，默认单击事件 Click，其代码如下：

TCM＝MESSAGEBOX("您决定退出系统吗?",36,"退出提示")　　&& 将信息框操作结果值赋 TCM 变量

DO CASE　　&& 分支判断

CASE TCM ＝ 6　　&& 如果单击"是"按钮

THISFORM.RELEASE　　&& 关闭系统登录窗口

QUIT　　&& 关闭系统

CASE　TCM ＝ 7　　&& 如果单击"否"按钮

MESSAGEBOX("请重新输入用户名和密码",0,"重新登录提示")

ENDCASE　　&& 结束判断

(4)"注册"按钮的单击事件 Click 代码。方法是：双击 Command2，默认单击事件 Click，其代码如下：

IF LEN(ALLT(THISFORM.TEXT1.VALUE))＝0 ;

.OR.LEN(ALLT(THISFORM.TEXT2.VALUE))＝0

&& 这两行是一条命令：如果姓名或密码未输入

MESSAGEBOX("姓名和密码必须完整输入!!!",0,"输入出错提示")　　&& 信息框警告

ELSE　　&& 否则如果输入了姓名和密码

XM＝ALLT(THISFORM.TEXT1.VALUE)

&& 将文本框 TEXT1 的的值去掉左右空格后赋值给变量 XM

MM＝ALLT(THISFORM.TEXT2.VALUE)

&& 将文本框 TEXT2 的的值去掉左右空格后赋值给变量 MM

LOCA FOR ALLT(管理员.姓名)＝＝XM　　&& 在表中查询是否有重复姓名

IF NOT EOF()　　&& 如果记录指针未到文件尾部，说明已经有相同的管理员了

MESSAGEBOX("系统中已经有一个姓名为:"＋XM＋";

的管理员,不能增加此管理员!!!",0 ,"添加管理员失败!")

ELSE　　&& 如果指针没有到记录的尾部，即没有重复的姓名就执行以下语句

INSERT INTO 管理员(姓名,密码)　VALUES(XM,MM)　　&&SQL 语句,插入新纪录

USE　　&& 关闭管理员表

MESSAGEBOX(XM＋":欢迎您使用学生成绩管理系统!" ,0,"添加管理员成功!")

RELEASE THISFORM　&& 关闭系统登录窗口

　　　　DO FORM 主窗口　　&& 打开主窗口表单

ENDIF

ENDIF

"系统登录"表单编程完成后应运行测试表单。方法是：单击工具栏的运行按钮"!"或在表单设计器标题栏上单击右键选择"执行表单"可运行本表单，如果出现错误提示警告信息框，如图 2－9－4 左图所示，应单击"挂起"，系统会弹出调试器窗口，如图 2－9－4 右图所示。在调

试器窗口中可以观察错误语句代码,单击调试器工具栏第三个按钮"取消"后,关闭正在测试的表单,打开错误的程序代码窗口,修改错误代码,继续测试直到程序完全正确。

图 2-9-4

六、主窗口表单的设计

1. 主窗口表单的功能说明

主窗口的主要功能是为用户提供一个友好美观的登录窗口,实现欢迎语滚动显示,提供"显示记录""添加记录""查询记录""删除记录""浏览记录"和"退出系统"的工具按钮,并确保能打开各自对应的表单窗口,在主程序完成后,能在该窗口显示菜单。

2. 系统主窗口表单的建立

在项目管理器中展开"文档",单击"表单"→"新建"→"新建表单"。保存该表单到自己的文件夹下,表单文件名为"主窗口"。

3. 主窗口表单界面设计要求

(1)在表单上添加图 2-9-5 所示控件。

(2)窗口的大小和各个控件的字体、字色、字号以及控件的图片、鼠标指针由学生自己设计,达到美观、合适、有个性的效果即可。

(3)取消窗口最小化和最大化按钮。

(4)在测试好后再设置窗口大小为固定风格,用户不可调整,但必须添加背景图片和按钮图标。

图 2-9-5

4. 主窗口数据源设计

在 Form1 表单上单击右键,选择"数据环境…"→"数据库"→"成绩库"→"学生成绩"→

"添加"。然后关闭数据环境设置器窗口。

5. 设置表单对象属性

设置表单主要控件属性如表 2-9-3 所示(学生可改变控件属性,达到美观合理即可)

表 2-9-3

控件名	属性	属性值	控件名	属性	属性值
Form1	BorderStyle Caption Height Width ShowWindow MaxButton MinButton Picture	2—固定对话框 学生成绩管理系统 500 800 2—作为顶层表单 .F. —假 .F. —假 (学生添加)	Label1	Caption BackStyle Width	欢迎登录学生成绩管理系统 2019 版 0—透明 540
Label2	Caption BackStyle	国贸×××班 ×××设计 0—透明	Timer1	Interval	100
Label3	Caption BackStyle	当前日期 0—透明	Label4	Width BackStyle	120 0—透明
Command1	Caption Picture	显示记录 (学生添加)	Command4	Caption Picture	删除记录 (学生添加)
Command2	Caption Picture	添加记录 (学生添加)	Command5	Caption Picture	浏览修改 (学生添加)
Command3	Caption Picture	查询记录 (学生添加)	Command6	Caption Picture	退出系统 (学生添加)

6. 主窗口数据流程

主窗口数据流程如图 2-9-6 所示。

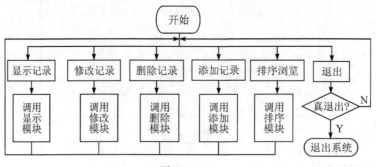

图 2-9-6

7. 程序代码编写

(1)窗口初始化程序代码。方法是：双击 Form1 表单，选择过程事件"Activate"，输入以下代码：

```
* 以下两句初始化本表单窗口,使其居屏幕中央
THISFORM.LEFT=(_SCREEN.WIDTH-THISFORM.WIDTH)/2
&& 设置当前表单左边位置在整个屏幕的位置
THISFORM.TOP=100    && 设置当前表单顶部位置在整个屏幕顶部的位置

THISFORM.LABEL1.LEFT=-(THISFORM.LABEL1.WIDTH)
&& 移动标签 LABEL1 左边起点到本窗口最右边
PUBLIC YOU    && 定义公用变量 YOU
YOU=1    && 给公用变量赋初值 1,本例 YOU=1 表示是到了窗口右边
SET  DATE  TO YMD && 设置日期显示为中文形式
SET  CENTURY  ON    && 日期显示设置为 4 位数显示年份
SET MARK  TO '—'   && 设置日期数据间隔符为"—"号
THISFORM.LABEL4.CAPTION =DTOC(DATE())
&& 标签 LABEL4 的标题显示当前日期,要进行数值转换
```

(2)"显示记录"按钮 Command1 的单击事件 Click 代码。方法是：双击 Command1，默认单击事件 Click，其代码如下：

```
DO FORM 显示记录
READ EVENTS
```

(3)"添加记录"按钮 Command2 的单击事件 Click 代码。方法是：双击 Command2，默认单击事件 Click，其代码如下：

```
DO FORM 添加记录
READ EVENTS
```

(4)"查询记录"按钮 Command3 的单击事件 Click 代码。方法是：双击 Command3，默认单击事件 Click，其代码如下：

```
DO FORM 查询记录
READ EVENTS
```

(5)"删除记录"按钮 Command4 的单击事件 Click 代码。方法是：双击 Command4，默认单击事件 Click，其代码如下：

```
DO FORM 删除记录
READ EVENTS
```

(6)"浏览修改"按钮 Command5 的单击事件 Click 代码。方法是：双击 Command5，默认单击事件 Click，其代码如下：

```
DO FORM 浏览修改
READ EVENTS
```

(7)"退出系统"按钮 Command6 的单击事件 Click 代码。方法是：双击 Command6，默认

单击事件 Click,其代码如下:

```
TCM＝MESSAGEBOX("您决定退出系统吗?",36,"退出提示")
IF TCM＝6
    RELEASE THISFORM
    CLEAREVENTS
    QUIT
ENDIF
```

(8)编写标签 Label1 左右滚动的动画程序。方法是:双击 Timer1 控件,默认 Timer 过程事件,编写以下程序代码:

技巧提示:

　本主窗口调试测试时不要单击"退出系统"按钮,该按钮会彻底退出 Visual FoxPro 的。

```
IF THISFORM.LABEL1.LEFT<－(THISFORM.LABEL1.;
WIDTH) THEN
```

&& 如果标签 LABEL1 左边大于自己的负数宽度,实际上 LABEL1 移动到了左边窗口外了

```
    YOU＝1   && 给公用变量 YOU 赋值1,表示应该向右移动
ENDIF
IF THISFORM.LABEL1.LEFT<THISFORM.WIDTH .AND. YOU＝1 THEN
```

&& 如果标签 LABEL1 左起点小于口的宽度并且公用变量为 1

```
    THISFORM.LABEL1.LEFT＝THISFORM.LABEL1.LEFT＋5
```

&& 标签 LABEL1 左起点加 5,5 为每次移动量

```
ELSE    && 否则,即标签 LABEL1 大于本窗口宽度,即移动到了窗口右边外了
    YOU＝0    && 公用变量赋值0,表示不要向右移动
    THISFORM.LABEL1.LEFT＝THISFORM.LABEL1.LEFT－5
```

&& 标签 LABEL1 左起点减 5,5 为每次移动量,标签 LABEL1 开始向左移动

```
ENDIF
```

七、显示记录表单的设计

1. 显示记录表单的功能说明

显示记录的主要功能是为用户提供一个友好美观的窗口,用户可直接以表格形式浏览学生成绩,浏览完后可返回主窗口。

2. 显示记录表单的建立

在项目管理器中展开"文档",单击"表单"→"新建"→"新建表单"。保存该表单到学生自己的文件夹下,表单文件名为"显示记录"。

技巧提示:

　由于本系统的表单大小和初始化程序一样,为了快速创建新表单,在"显示记录"表单设计好后,可以直接将显示记录表单另存为"添加记录""查询记录""删除记录"和"浏览修改"表单,然后把这些表单添加到项目中,最后再分别修改设计。

3. 显示记录表单界面设计要求

(1)在表单上添加图 2-9-7 所示控件。

(2)窗口的大小和各个控件的字体、字色、字号以及控件的图片、鼠标指针由学生自己设计,达到美观、合适、有个性的效果即可。

(3)取消窗口最大化按钮。

（4）窗口要一次性能把各个字段显示完，在测试好后再设置窗口大小为固定风格，用户不可调整。

图 2－9－7

4. 给显示记录表单添加数据源

在 Form1 表单上单击右键，选择"数据环境…"→"数据库"→"成绩库"→"学生成绩"→"添加"。然后关闭数据环境设置器窗口，立即存盘。

5. 设置表单对象属性

本表单控件主要属性如表 2－9－4 所示（学生必须给命令按钮添加图标，修改按钮大小，达到美观合理即可）。

表 2－9－4

控件名	属性	属性值	控件名	属性	属性值
Form1	BorderStyle Caption ShowWindow Height Width MaxButton	2－固定对话框 显示学生成绩 2－作为顶层表单 500 800 .F.－假	表格 Grid1	Height Width HighlightRow-LineWidth Highlight StyleReadOnly RecordSource	240 700 3 2 .T.－真 学生成绩
Label1	Caption	表格形式显示学生成绩	Command1	Caption Picture	返回 （学生添加）
Label2	Caption BackStyle	当前日期 0－透明			

注意：表格 Grid1 属性 RecordSource 的值在添加数据源后才可选"学生成绩"。

在表格控件 Grid1 上单击右键弹出对话框，点击"生成器"又弹出对话框，在"数据库和表"列选择"学生成绩"，在"可用字段"选择所有字段。同时也可以修改表格的"风格"和"布局"，最后点击"确定",如图2-9-8所示。

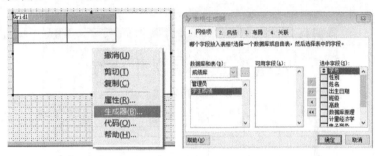

图2-9-8

6. 显示记录窗口数据流程

显示记录窗口数据流程如图2-9-9所示。

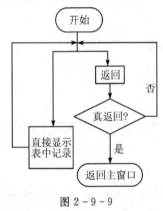

图2-9-9

7. 程序代码编写

(1)编写窗口初始化程序。方法是：双击Form1表单，选择过程事件"Activate"，输入以下代码：

```
* 以下两句初始化本表单窗口,使其居屏幕中央
THISFORM.LEFT=(_SCREEN.WIDTH-THISFORM.WIDTH)/2
&& 设置当前表单左边位置在整个屏幕的位置
THISFORM.TOP=100
&& 设置当前表单顶部位置在整个屏幕顶部的位置
SET  CENTURY  ON     && 显示4位年份
SET  DATE  TO YMD    && 设置日期显示为中文形式
SET MARK  TO  '—'    && 设置日期数据间隔符为"—"号
THISFORM.LABEL3.CAPTION=DTOC(DATE())
&& 标签LABEL4的标题显示当前日期,要进行数值转换
```

(2)"返回"按钮Command1的单击事件Click代码。方法是：双击Command1，默认单击事件Click，其代码如下：

```
TCM=MESSAGEBOX("你要返回吗?",36,"返回主窗口")
```

> **技巧提示：**
>
> 在 Visual FoxPro 9.0中，使用表格控件和组合框控件时容易出错。正确的方法是：在设置好数据环境和绑定控件数据源后立即存盘。若出现"记录超出范围"并且无法存盘，可以删掉表格控件或组合框控件重做，如果仍旧出错，就放弃表单重新创建表单。

```
IF TCM = 6
USE
RELEASE THISFORM
ENDIF
```

八、添加记录表单的设计

1. 添加记录表单的功能说明

添加记录的主要功能是为用户提供一个友好美观的交互窗口,允许用户输入学生姓名、学号、班级和各科成绩,能选择性别和出生年月日,并且对输入的数据能够判断是否合理,添加记录时能够自动计算总分和平均分。添加记录后可以返回主窗口。

2. 添加记录表单的建立

在项目管理器中展开"文档",单击"表单"→"新建"→"新建表单"。保存该表单到学生自己的文件夹下,表单文件名为"添加记录"。

3. 添加记录表单界面计要求

(1)在表单上添加图 2-9-10 所示控件。

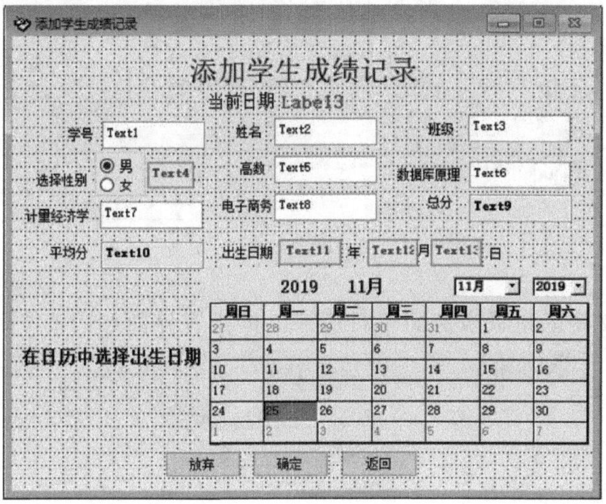

图 2-9-10

(2)窗口的大小和各个控件的字体、字色、字号以及控件的图片、鼠标指针由学生自己设计,达到美观、合适、有个性的效果即可。

(3)取消窗口最大化按钮。

(4)在测试好后再设置窗口大小为固定风格,用户不可调整。

注意:本表单在添加"Active 控件 Olecontrol1"控件时,Visual FoxPro 9.0 以上版本在弹出的对话框中选择"插入控件",然后选择"日历控件";Visual FoxPro 6.0 版本选择"创建控件",再选择"日历控件"。如果系统安装的 Office 版本是 2003 或 2007,那么可插入"日历控件12.0",如图 2-9-11 所示。

图 2 - 9 - 11

如果 Office 版本高于 2007,那么可以添加一个简单的日历控件 Mscomct2. ocx。在"插入对象"对话框中,找到选中"Microsoft Date and Time Picker Control 6.0(PS4)"(见图 2 - 9 - 12),然后"确定",最后把该日历控件大小调整到只显示顶行年月日即可,事件程序代码和"日历控件12.0"一样。

图 2 - 9 - 12

用 Office 2007 及其更高版添加简单日历控件的设置界面如图 2 - 9 - 13 所示。

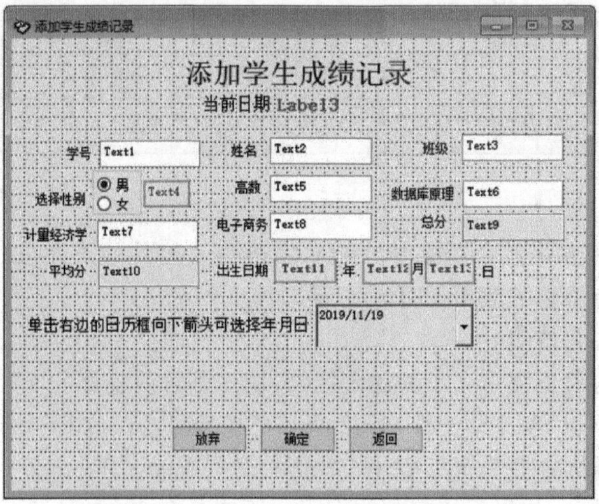

图 2 - 9 - 13

4. 添加记录表单数据源设计

在 Form1 表单上单击右键,选择"数据环境…"→"数据库"→"成绩库"→"学生成绩"→"添加"。然后关闭数据环境设置器窗口。

5. 设置表单对象属性

本表单控件主要属性设置要求有:所有的标签都要透明,给命令按钮添加图标,学生可改变控件属性,达到美观合理即可,如表 2-9-4 所示。

表 2-9-4

控件名	属性	属性值	控件名	属性	属性值
Form1	BorderStyle Caption ShowWindow Height Width MaxButton	2-固定对话框 添加学生成绩记录 2-作为顶层表单 500 800 .F. 一假	单选按钮 OptionGroup1	Option1. Caption Option2. Caption	男 女
Label1	Caption	添加学生成绩记录	Command1	Caption	放弃
Label2	Caption	当前日期	Command2	Caption	确定
Label3	Caption	Label3	Command3	Caption	返回
Label4	Caption	学号	Text4	Enabled	.F.-假
Label5	Caption	姓名		FontBold	.T.-真
Label6	Caption	班级	Text5	Value	0.0
Label7	Caption	选择性别	Text6	Value	0.0
Label8	Caption	高数	Text7	Value	0.0
Label9	Caption	数据库原理	Text8	Value	0.0
Label0	Caption	计量经济学	Text9	Enabled	.F.-假
Label1	Caption	电子商务		FontBold	.T.-真
Label12	Caption	总分	Text10	Enabled	.F.-假
Label13	Caption	平均分		FontBold	.T.-真
Label14	Caption	出生日期	Text11	FontBold	.T.-真
Label15	Caption	年		Readonly	.T.-真
Label16	Caption	月	Text12	FontBold	.T.-真
Label17	Caption	日		Readonly	.T.-真
Label18	Caption	在日历中选 择出生日期	Text13	FontBold	.T.-真
				Readonly	.T.-真
日历控件			Active 控件 Olecontrol1		插入控件

6. 添加记录窗口数据流程

添加记录窗口数据流程如图 2-9-14 所示。

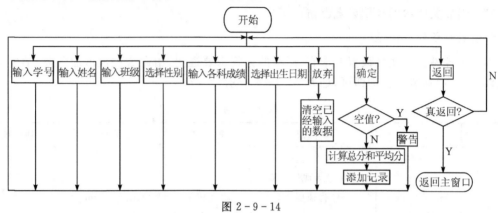

图 2-9-14

7. 程序代码编写

(1)本窗口激活时的初始化代码。方法是：双击 Form1 选择过程事件 Activate，编写以下代码：

```
THISFORM.LEFT=(_SCREEN.WIDTH-THISFORM.WIDTH)/2
&& 设置当前表单左边位置在整个屏幕的位置
THISFORM.TOP=100   && 设置当前表单顶部位置在整个屏幕顶部的位置
SET  CENTURY  ON && 日期显示设置为千位数显示
SET  DATE  TO YMD  && 设置日期显示为中文形式
SET MARK  TO '—'  && 设置日期数据间隔符为"—"号
THISFORM.LABEL3.CAPTION =DTOC(DATE())
&& 以下语句用于文本框的初始化
THISFORM.TEXT1.VALUE=""
THISFORM.TEXT2.VALUE=""
THISFORM.TEXT3.VALUE=""
THISFORM.TEXT4.VALUE="男"
THISFORM.TEXT5.VALUE=""
THISFORM.TEXT6.VALUE=""
THISFORM.TEXT7.VALUE=""
THISFORM.TEXT8.VALUE=""
```

(2)单选按钮组 Optiongroup1 的单击事件 Click 代码。方法是：双击 Optiongroup1，选择单击事件 Click，其代码如下：

```
IF THISFORM.OPTIONGROUP1.OPTION1.VALUE=1   THEN
&& 如果用户单击了选择按钮 OPTION1，即选择男性
THISFORM.TEXT4.VALUE="男"   && 文本框 TEXT4 的值赋值为"男"
ELSE    && 否则就是选择女性
```

　　　　THISFORM.TEXT4.VALUE＝"女"　　&& 文本框 TEXT4 的值赋值为"女"

　　ENDIF

　　(3)"日历控件"Olecontrol1 的单击事件 Click 代码。方法是：双击 Olecontrol1 控件，默认单击事件 Click，其代码如下：

　　THISFORM.TEXT11.VALUE＝ALLTRIM(STR(THISFORM.OLECONTROL1.YEAR))

　　&& 把日历控件上的年数值转换为字符型后赋值给文本框 11

　　THISFORM.TEXT12.VALUE＝ALLTRIM(STR(THISFORM.OLECONTROL1.MONTH))

　　&& 把日历控件上的月数值转换为字符型后赋值给文本框 12

　　THISFORM.TEXT13.VALUE＝ALLTRIM(STR(THISFORM.OLECONTROL1.DAY))

　　&& 把日历控件上的日数值转换为字符型后赋值给文本框 13

　　(4)"放弃"按钮 Command1 的单击事件 Click 代码。方法是：双击 Command1 控件，默认单击事件 Click，其代码如下：

　　tcm＝messagebox("你决定放弃刚才的输入吗?",36,"退出提示")

　　if tcm ＝ 6　　&& 如果确定放弃以下语句用于文本框的清空

　　THISFORM.TEXT1.VALUE＝""

　　THISFORM.TEXT2.VALUE＝""

　　THISFORM.TEXT3.VALUE＝""

　　THISFORM.TEXT5.VALUE＝""

　　THISFORM.TEXT6.VALUE＝""

　　THISFORM.TEXT7.VALUE＝""

　　THISFORM.TEXT8.VALUE＝""

　　ENDIF

　　(5)"确定"按钮 Command2 的单击事件 Click 代码。方法是：双击 Command2，默认单击事件 Click，其代码如下：

　　SJLX＝TYPE("100")

　　&& 检测数值 100 的数据类型并赋值给变量 SJLX，注意：被检测的数据要加引号

　　IF　LEN(ALLT(THISFORM.TEXT12.VALUE))＝0　　&& 如果没输入日期

　　MESSAGEBOX("你还没输入出生日期呢!",0,"输入出错提示")　　&& 警告

　　RETURN　　&& 返回添加记录窗口

　　ENDIF

　　IF LEN(ALLT(THISFORM.TEXT1.VALUE))＝0　.OR. ;

　　LEN(ALLT(THISFORM.TEXT2.VALUE))＝0　　&& 如果没有输入学号或姓名

　　MESSAGEBOX("你还没输入学号或姓名呢!!!",0,"输入出错提示")　　&& 警告

　　ELSE　　&& 如果学号、姓名和出生日期已经输入，就执行下面的语句

　　XH＝ALLT(THISFORM.TEXT1.VALUE)　　&& 将文本框 TEXT1 的值赋给变量 XH

　　XM＝ALLT(THISFORM.TEXT2.VALUE)　　&& 将文本框 TEXT2 的值赋给变量 XM

　　　　BJ＝ALLT(THISFORM.TEXT3.VALUE)　　&& 将文本框 TEXT3 的值赋给变量 BJ

```
    XB＝THISFORM.TEXT4.VALUE

JC＝TYPE(THISFORM.TEXT5.VALUE)    && 获取输入的数据类型
IF JC<>SJLX THEN    && 如果成绩不是数值型,因为非数值型的字符转换为数值后为 0
MESSAGEBOX("你输入的高数成绩是错误的!",0,"输入出错提示")    && 警告
RETURN    && 结束
ENDIF
GS＝VAL(ALLT(THISFORM.TEXT5.VALUE))
&& 将文本框 TEXT5 的值转换为数值型后再赋给变量 GS

JC＝TYPE(THISFORM.TEXT6.VALUE)    && 获取输入的数据类型
IF JC<>SJLX THEN    && 如果成绩不是数值型
MESSAGEBOX("你输入的数据库原理成绩是错误的!",0,"输入出错提示")    && 警告
RETURN    && 结束
ENDIF
SJKYL＝VAL(ALLT(THISFORM.TEXT6.VALUE))
&& 将文本框 TEXT6 的值转换为数值型后再赋给变量 SJKYL

JC＝TYPE(THISFORM.TEXT7.VALUE)    && 获取输入的数据类型
IF JC<>SJLX THEN    && 如果成绩不是数值型
MESSAGEBOX("你输入的计量经济学成绩是错误的!",0,"输入出错提示")    && 警告
RETURN    && 结束
ENDIF
JLJJX＝VAL(ALLT(THISFORM.TEXT7.VALUE))
&& 将文本框 TEXT7 的值转换为数值型后再赋给计量经济学变量 JLJJX

JC＝TYPE(THISFORM.TEXT8.VALUE)    && 获取输入的数据类型
IF JC<>SJLX THEN    && 如果成绩不是数值型
MESSAGEBOX("你输入的电子商务成绩是错误的!",0,"输入出错提示")    && 警告。
RETURN    && 结束
ENDIF
DZSW＝VAL(ALLT(THISFORM.TEXT8.VALUE))
&& 将文本框 TEXT8 的值转换为数值型后再赋给电子商务变量 DZSW

CHSHRQ＝CTOD(STR(THISFORM.OLECONTROL1.YEAR)＋;
STR(THISFORM.OLECONTROL1.MONTH)＋STR(THISFORM.OLECONTROL1.DAY))
    && 上一句是将日历控件中的年变量 YEAR、月变量 MONTH 和日变量 DAY 转换为字符型变量
后相加,再转换为日期型数值赋给出生日期变量 CHSHRQ
```

INSERT INTO 学生成绩(学号,姓名,出生日期,性别,班级,高数,数据库原理,;

计量经济学,电子商务) VALUES(XH,XM,CHSHRQ,XB,BJ,GS,SJKYL,JLJJX,DZSW)

&& 上一句命令分两行书写的,使用 SQL 语句插入新记录

REPLACE ALL　总分 WITH 高数＋数据库原理＋计量经济学＋电子商务

&& 计算替换所有记录的总分

REPLACE ALL　平均分 WITH 总分/4

&& 计算替换所有记录的平均分

SKIP －1　&& 记录指针已经在文件尾了,故应后移一下

THISFORM.TEXT9.VALUE＝总分　&& 用文本框 TEXT9 显示当前新添加记录的总分

THISFORM.TEXT10.VALUE＝平均分

&& 用文本框 TEXT10 显示当前新添加记录的平均分

ENDIF

(6)"返回"按钮 Command3 的单击事件 Click 代码。方法是:双击 Command3,默认单击事件 Click,其代码如下:

TCM＝MESSAGEBOX("你要返回吗?",36,"返回主窗口")　&& 信息框等待单击

IF TCM ＝ 6　&& 如果单击"是"

USE　&& 关闭数据表

RELEASE THISFORM　&& 释放关闭本窗口

ENDIF

九、查询记录表单的设计

1. 查询记录表单的功能说明

查询记录的主要功能是为用户提供一个友好美观的交互界面,用户可选择按姓名或按学号进行查询,可以用表格或无表格的形式进行查询。查询完毕可以返回主窗口。

2. 查询记录表单的建立

在项目管理器中展开"文档",单击"表单"→"新建"→"新建表单"。保存该表单到学生自己的文件夹下,表单文件名为"查询记录"。

3. 查询记录表单界面计要求

(1)在表单上添加图 2－9－15 所示控件。

(2)窗口的大小和各个控件的字体、字色、字号以及控件的图片、鼠标指针由学生自己设计,达到美观、合适、有个性的效果即可。

(3)取消窗口最大化按钮。

(4)在测试好后再设置窗口大小为固定风格,用户不可调整。

4. 查询记录表单数据源设计

在 Form1 表单上单击右键,选择"数据环境…"→"数据库"→"成绩库"→"学生成绩"→"添加"。然后关闭数据环境设置器窗口。

5. 设置表单对象属性

本表单属性设置要求:所有的标签都要透明,学生给命令按钮添加图标,并改变控件属性,

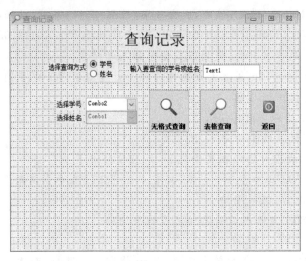

图 2 - 9 - 15

达到美观合理即可。表单控件主要属性如表 2 - 9 - 5 所示。

表 2 - 9 - 5

控件名	属性	属性值	控件名	属性	属性值
Form1	BorderStyle Caption ShowWindow Height Width MaxButton	2—固定对话框 查询记录 2—作为顶层表单 500 800 .F. —假	单选按钮 Optiongroup1	Option1. Caption Option2. Caption	学号 姓名
			Combo1	ControlSource Enabled RowSourceT RowSource	学生成绩.姓名 .F. —假 6—字段 学生成绩.姓名
Label1	Caption	查询记录	Combo2	RowSourceT RowSource ControlSource	6—字段 学生成绩.学号 学生成绩.学号
Label2	Caption	选择查询方式			
Label3	Caption	输入要查询的 学号或姓名	Command1	Caption	无格式查询
			Command3	Caption	表格查询
Label4	Caption	选择学号	Command3	Caption	返回
Label5	Caption	选择姓名			

　　组合框数据源的绑定方法：在组合框上单击右键，选择"生成器"→"选定字段"，双击要绑定的字段然后点击"确定"即可。例如，给组合框 Combo1 绑定"姓名"字段，可右键单击组合框 Combo1，选择"生成器"，在"数据库和表"下选择"学生成绩"，在"选定字段"下双击"姓名"，点击"确定"；给组合框 Combo2 绑定"学号"字段，可右键单击组合框 Combo2，选择"生成器"，在"数据库和表"下选择"学生成绩"，在"选定字段"下双击"学号"，点击"确定"。

6. 查询记录窗口数据流程

查询记录窗口数据流程如图 2-9-16 所示。

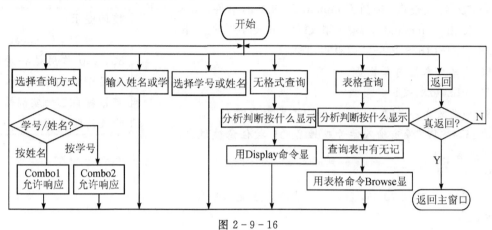

图 2-9-16

7. 程序代码编写

(1)编写窗口初始化程序。方法是:双击 Form1 表单,选择过程事件"Activate",输入以下代码:

＊以下两句初始化本表单窗口,使其居屏幕中央

THISFORM. LEFT＝(_SCREEN. WIDTH－THISFORM. WIDTH)/2

&& 设置当前表单左边位置在整个屏幕的位置

THISFORM. TOP＝100

&& 设置当前表单顶部位置在整个屏幕顶部的位置

(2)给 Optiongroup1 的按学号查询单选按钮 Option1 的选中单击事件 Click 编写程序,其代码如下:

THISFORM. COMBO1. ENABLED＝.F.

&& 选择了按学号查询,姓名组合框 COMBO1 处于不响应状态

THISFORM. COMBO2. ENABLED＝.T.

&& 选择了按学号查询,学号组合框 COMBO 处于响应状态

(3)给 Optiongroup1 的按姓名查询单选按钮 Option2 的选中单击事件 Click 编写程序,其代码如下:

THISFORM. COMBO1. ENABLED＝.T.

&& 选择了按姓名查询,学号组合框 COMBO1 处于响应状态

THISFORM. COMBO2. ENABLED＝.F.

&& 选择了按姓名查询,学号组合框 COMBO2 处于不响应状态

(4)Combo1 控件的单击过程代码。方法是:双击 Combo1 默认单击事件 Click,其代码如下:

THISFORM. TEXT1. VALUE＝THISFORM. COMBO1. VALUE

&& 将组合框选择的结果赋值给文本框 TEXT1

(5)Combo2 控件的单击过程代码。方法是:双击 Combo2 默认单击事件 Click,其代码如下:

THISFORM. TEXT1. VALUE＝THISFORM. COMBO2. VALUE

&& 将组合框选择的结果赋值给文本框 TEXT1

（6）"无格式查询"按钮 Command1 的单击事件 Click 代码。

方法是：双击 Command1，默认单击事件 Click，其代码如下：

XM＝TRIM(THIS. PARENT. TEXT1. TEXT)

&& 计算文本框内容长度

IF   LEN(XM)＜1

&& 如果文本框长度小于1——即文本框为空白

@15,4 SAY "没有输入学号或姓名呢！按任意键退出。";
FONT "隶书",20

WAIT   ""

   @15,0 CLEA TO 35,200   && 清除屏幕提示信息

ELSE

IF   THISFORM. OPTIONGROUP1. OPTION1. VALUE＝1

&& 如果选择学号查询方式

LOCA FOR 学号＝＝"&XM"   && 按学号查询

&& 按学号查询,2 个等号＝要求学号完全相同

ENDIF

IF THISFORM. OPTIONGROUP1. OPTION2. VALUE＝1   && 如果选择姓名查询方式

LOCA FOR 姓名＝"&XM"   && 按姓名查询 一个等号＝

ENDIF

IF.NOT. EOF()   && 如果指针没到文件尾部——即查到此记录

@15,18 SAY "你要查询的记录如下:" FONT "隶书",20 COLOR 4/2

   ? && 下移一行

   ? && 下移一行

DISPLAY 学号,姓名,性别,出生日期,高数,计量经济学,数据库原理,;
电子商务,总分,平均分 OFF

&& 命令长,分两行书写。只显示当前一条记录并且不显示记录号

ELSE

      @15,18 SAY "查无此人,按任意键退出" FONT "隶书",20

ENDIF

WAIT   ""

@15,0 CLEA TO 35,200   && 清除屏幕显示内容

ENDIF

（7）"表格查询"按钮 Command2 的单击事件 Click 代码。方法是：双击 Command2，默认
单击事件 Click，其代码如下：

XM＝TRIM(THIS. PARENT. TEXT1. TEXT)   && 计算文本框内容长度

技巧提示：

@ 15,0 Clear to 35,200 作用是将屏幕上显示的内容清除,你可根据自己的实际情况设置清除区域的大小。

```
IF    LEN(XM)<1      && 如果文本框长度小于1——即文本框为空白
@15,4 SAY "没有输入学号或姓名呢! 按任意键退出。" FONT "隶书",20
WAIT    ""
   @15,0 CLEA TO 35,200     && 清除屏幕提示信息
ELSE
   IF   THISFORM. OPTIONGROUP1. OPTION1. VALUE=1     && 如果选择学号查询方式
LOCA FOR 学号=="&XH"
IF   LEN(XM)<>0 .AND. .NOT. EOF()   && 如果查到
MESSAGEBOX("学生信息已查到,单击"确定"按表格显示",16,"信息已查到")
&& 用信息框显示已查到
BROWSE FOR 学号="&XH"    && 表格显示查询到的记录
ELSE
@15,15 SAY "查无此人,按任意键退出" FONT "隶书",20
WAIT    ""
        @15,0 CLEA TO 35,200     && 清除屏幕提示信息
ENDIF
   ELSE

LOCA FOR 姓名="&XM"
IF   LEN(XM)<>0 .AND. .NOT. EOF()   && 如果查到
MESSAGEBOX("学生信息已查到,单击"确定"按表格显示",16,"信息已查到")
&& 用信息框显示已查到
BROWSE FOR 姓名="&XM"    && 表格显示查询到的记录

ELSE
@15,18 SAY "查无此人,按任意键退出" FONT "隶书",20,
WAIT    ""
        @15,0 CLEA TO 35,200     && 清除屏幕提示信息
ENDIF
   ENDIF
ENDIF
```

(8)"返回"按钮 Command3 的单击事件 Click 代码。方法是:双击 Command3,默认单击事件 Click,其代码如下:

```
TCM=MESSAGEBOX("你要返回吗?",36,"返回主窗口")   && 信息框等待单击
IF TCM = 6      && 如果单击"是"
USE   && 关闭数据表
RELEASE THISFORM   && 释放关闭本窗口
ENDIF
```

十、删除记录表单的设计

1. 删除记录表单的功能说明

删除记录的主要功能是为用户提供一个友好美观的交互窗口,用户可输入或选择学生姓名进行删除记录。删除记录时需要询问是否真的要删除,只有用户确定要删除才可以物理删除。删除记录后可以返回主窗口。

2. 删除表单界面的建立

在项目管理器中展开"文档",单击"表单"→"新建"→"新建表单"。保存该表单到自己的文件夹下,表单文件名为"删除记录"。

3. 删除记录表单计要求

(1)在表单上添加图 2-9-17 所示控件。

窗口的大小和各个控件的字体、字色、字号以及控件的图片、鼠标指针学生自己设计,达到美观、合适、有个性的效果即可。

取消窗口最大化按钮。

在测试好后再设置窗口大小为固定风格,用户不可调整。

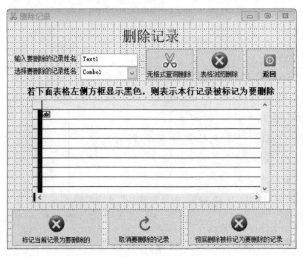

图 2-9-17

4. 删除记录表单数据源设计

在 Form1 表单上单击右键,选择"数据环境…"→"数据库"→"成绩库"→"学生成绩"→"添加"。

由于本表单要删除记录,因此必须以独占方式打开表,为此可在"数据环境设计器"窗口上单击右键,选择"属性",在 Cursor1 属性窗口将"Exclusive"的值设置为".T.─真",最后关闭数据环境设置器窗口。

5. 设置表单对象属性

首先添加组合框 Combo1,接着设置组合框 Combo1 的属性,再选择组合框 Combo1 单击右键选择"生成器",在"数据库和表"下选择"学生成绩",在"选定字段"下双击"姓名",点击"确定",立即存盘。

本表单其他控件主要属性如表 2-9-6 所示(学生必须给命令按钮添加图标,修改按钮大小,达到美观合理即可)。

表 2-9-6

控件名	属性	属性值	控件名	属性	属性值
Form1	BorderStyle Caption ShowWindow Height Width MaxButton	2—固定对话框 删除记录 2—作为顶层表单 500 800 .F.—假	Cursor1（数据环境属性）	Exclusive	.T.-真
			Combo1	RowSourceT ControlSource RowSource	6—字段 学生成绩.姓名 学生成绩.姓名
Label1	Caption	删除记录	Label4	Caption	若下面表格左侧方框显示黑色,则表示本行记录被标记为要删除
Label2	Caption	输入要删除的记录姓名			
Label3	Caption	选择要删除的记录姓名	Command1	Caption	无格式查询删除
表格 Grid1	DeleteMark Height Width HighlightRow Gridlines ReadOnly Record-MarkRecord-Source Visible	.T. 280 530 .T. 3 .T. .T. 学生成绩 .T.	Command2	Caption	表格浏览删除
			Command3	Caption	返回
			Command4	Caption Visible	标记当前记录为要删除的 .F.
			Command5	Caption Visible	取消要删除的记录的标志 .F.
			Command6	Caption Visible	彻底删除被标记为要删除的记录 .F.

6.删除记录窗口数据流程

删除记录窗口数据流程如图 2-9-18 所示。

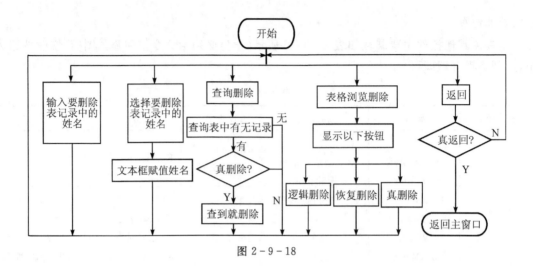

图 2 - 9 - 18

7. 程序代码编写

(1)编写窗口初始化程序。方法是:双击 Form1 表单,选择过程事件"Activate",输入以下代码:

```
THISFORM.LEFT=(_SCREEN.WIDTH-THISFORM.WIDTH)/2
&& 设置当前表单左边位置在整个屏幕的位置
THISFORM.TOP=100
&& 设置当前表单顶部位置在整个屏幕顶部的位置
```

(2)Combo1 控件的单击过程代码。方法是:双击 Combo1 默认单击事件 Click,其代码如下:

```
THISFORM.TEXT1.VALUE=THISFORM.COMBO1.VALUE
&& 将组合框选择的结果赋值给文本框 TEXT1
```

(3)"无格式查询删除"按钮 Command1 的单击事件 Click 代码。方法是:双击 Command1,默认单击事件 Click,其代码如下:

```
THISFORM.GRID1.VISIBLE= .F.   && 隐藏表格
THISFORM.LABEL4.VISIBLE= .F.   && 隐藏删除操作提示语
THISFORM.COMMAND4.VISIBLE= .F.    && 隐藏命令按钮 4
THISFORM.COMMAND5.VISIBLE= .F.    && 隐藏命令按钮 5
THISFORM.COMMAND6.VISIBLE= .F.    && 隐藏命令按钮 6

SHANCHU=""   && 定义删除变量 SHANCHU
XM=TRIM(THIS.PARENT.TEXT1.TEXT)   && 把用户输入的姓名值赋值给变量 XM
LOCA FOR 姓名="&XM"   && 在表中查询要删除的记录
IF LEN(XM)<>0 .AND. .NOT.EOF()   && 如果查询到要删除的记录
@13,28  SAY  XM+"的记录如下:" FONT "隶书",20   && 显示查询到的提示
?
```

?
DISPLAY 学号,姓名,性别,出生日期,高数,计量经济学,数据库原理,;
电子商务,总分,平均分 OFF &&命令长分两行。只显示当前记录但不显示记录号

@20,10 SAY "您真的要删除这个人的记录吗(Y/N)" FONT "隶书",20
WAIT "" TO SHANCHU &&等待用户的输入,值赋给删除变量 SHANCHU
IF SHANCHU="Y" .OR. SHANCHU="y" &&如果确定要删除
    DELE FOR 姓名="&XM" &&逻辑删除当前记录
    PACK &&物理删除
ELSE &&否则不删除
    @22,20 SAY "您没有删除这条记录!" FONT "隶书",20
ENDIF
ELSE &&如果按姓名没有查询到记录
    @20,2 SAY "查无此人,不能删除!!! 按任意键退出" FONT "隶书",20
ENDIF
WAIT "" &&等待按任意键继续
@13,0 CLEA TO 32,200 &&局部清除屏幕提示信息

(4)"表格浏览删除"按钮 Command2 的单击事件 Click 代码。方法是:双击 Command2,默认单击事件 Click,其代码如下:

THISFORM.GRID1.VISIBLE= .T. &&显示表格
THISFORM.LABEL4.VISIBLE= .T. &&显示删除操作提示语
THISFORM.COMMAND4.VISIBLE= .T. &&显示命令按钮4
THISFORM.COMMAND5.VISIBLE= .T. &&显示命令按钮5
THISFORM.COMMAND6.VISIBLE= .T. &&显示命令按钮6

(5)"返回"按钮 Command3 的单击事件 Click 代码。方法是:双击 Command3,默认单击事件 Click,其代码如下:

TCM=MESSAGEBOX("你要返回吗?",36,"返回主窗口") &&信息框等待单击
IF TCM = 6 &&如果单击"是"
USE &&关闭数据表
RELEASE THISFORM &&释放关闭本窗口
ENDIF

(6)"标记当前记录为要删除的"按钮 Command4 的单击事件 Click 代码。方法是:双击 Command4,默认单击事件 Click,其代码如下:

SHANCHU=MESSAGEBOX("要删除当前选中的记录吗",36,"删除当前记录")
IF SHANCHU=6 &&如果要删除的记录
THISFORM.GRID1.RECORDSOURCE=NULL &&先设置空名,以便保证表格不变形
DELETE
GOTO TOP
ENDIF

THISFORM.GRID1.RECORDSOURCE＝"学生成绩" && 表格重新加载数据表

(7)"取消要删除的记录"按钮 Command5 的单击事件 Click 代码。方法是：双击 Command5，默认单击事件 Click，其代码如下：

```
RECALL ALL   && 恢复所有被逻辑删除的记录
THISFORM.GRID1.RECORDSOURCE＝"学生成绩"  && 表格重新加载数据表
GOTO TOP
THISFORM.GRID1.REFRESH
```

(8)"彻底删除被标记为要删除的记录"按钮 Command6 的单击事件 Click 代码。方法是：双击 Command6，默认单击事件 Click，其代码如下：

```
SHANCHU＝ MESSAGEBOX("真的要删除被标记为要删除的记录吗",36,"删除记录后不可恢复")
IF SHANCHU＝6   && 如果要删除的记录
THISFORM.GRID1.RECORDSOURCE＝NULL   && 先置空名，以便保证表格不变形
PACK
ENDIF
THISFORM.GRID1.RECORDSOURCE＝"学生成绩"  && 表格重新加载数据表
```

十一、浏览修改记录表单的设计

1. 浏览修改记录表单的功能说明

浏览修改记录表单的主要功能是为用户提供一个友好美观的交互界面，用户可直接以表格形式浏览记录或直接修改记录，可以计算所有记录的总分和平均分。浏览修改后可以返回主窗口。

2. 浏览修改表单界面的建立

在项目管理器中展开"文档"，单击"表单"→"新建"→"新建表单"。保存该表单到自己的文件夹下，表单文件名为"浏览修改"。

3. 浏览修改记录表单界面计要求

在表单上添加控件如图 2-9-19 所示。

图 2-9-19

窗口的大小和各个控件的字体、字色、字号以及控件的图片、鼠标指针由学生自己设计，达

到美观、合适、有个性的效果即可。

取消窗口最大化按钮。

在测试好后再设置窗口大小为固定风格,用户不可调整。

4. 修改记录表单数据源设计

在 Form1 表单上单击右键,选择"数据环境…"→"数据库"→"成绩库"→"学生成绩"→"添加"。然后关闭数据环境设置器窗口。

接着添加一个表格控件 Grid1,设置表格的属性,立即存盘。

然后单击选择表单中的表格控件 Grid1 单击右键选择"生成器",单击"1. 表格项"选项卡,在"数据库和表"列选定"学生成绩"表,在"可用字段"列选定所有字段,点击"确定";然后再单击"2. 样式"选项卡,在"样式(s)"选定"标准型";其他默认。

5. 设置表单对象属性

本表单其他控件主要属性如表 2-9-7 所示(学生必须给命令按钮添加图标,修改按钮大小,达到美观合理即可)。

> **技巧提示：**
>
> 　　在 Visual FoxPro 9.0 有 Bug,在使用表格控件的数据容易出错,一般是"记录超出范围",如果表单设计很复杂,不想重新创建新表单,可以存盘后用 Visual FoxPro 6.0 打开继续设计。

表 2-9-7

控件名	属性	属性值	控件名	属性	属性值
Form1	BorderStyle Caption ShowWindow Height Width MaxButton	2-固定对话框 浏览全部记录 并且可以修改记录 2-作为顶层表单 500 800 .F. —假	表格 Grid1	Height Width HighlightRow- LineWidth Highlight- RecordSource	280 530 3 2 学生成绩
			Command1	Caption	返回
Label1	Caption	您可以浏览修改记录	Command2	Caption	计算总分和平均分

6. 浏览修改记录窗口数据流程

浏览修改记录窗口数据流程如图 2-9-20 所示。

7. 程序代码编写

(1)编写窗口初始化程序。方法是:双击 Form1 表单,选择过程事件"Activate",输入以下代码:

THISFORM.LEFT=(_SCREEN.WIDTH—THISFORM.WIDTH)/2

&& 设置当前表单左边位置在整个屏幕的位置

THISFORM.TOP=100　&& 设置当前表单顶部位置在整个屏幕顶部的位置

(2)"返回"按钮 Command1 的单击事件 Click 代码。方法是:双击 Command1,默认单击事件 Click,其代码如下:

TCM=MESSAGEBOX("你要返回吗?",36,"返回主窗口")　&& 信息框等待单击

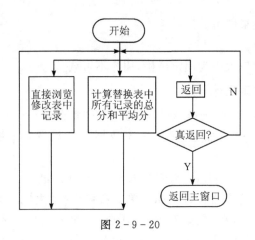

图 2-9-20

```
IF TCM = 6      && 如果单击"是"
USE    && 关闭数据表
RELEASE THISFORM    && 释放关闭本窗口
ENDIF
```

（3）"计算总分和平均分"按钮 Command2 的单击事件 Click 代码。方法是：双击 Command2，默认单击事件 Click，其代码如下：

```
REPLACE ALL 总分   WITH   高数＋数据库原理＋计量经济学＋电子商务
&& 计算替换总分
REPLACE ALL 平均分 WITH   总分/4      && 计算替换平均分
```

十二、菜单的设计

1. 菜单的功能说明

菜单的主要功能是在主窗口顶部为用户提供一个方便快捷的菜单，供用户通过窗口菜单操作系统。

2. 菜单文件的建立

建立一个名为"窗口菜单"的菜单文件。

单击"项目管理器"中的"其他"→"菜单"→"新建"→"菜单"，保存菜单文件为"窗口菜单.mnx"。

3. 菜单命令程序的设计

窗口菜单的具体设计参考如图 2-9-21 所示。本菜单前 5 个选项都是命令，只有"退出"是需要编写程序的。

"退出"按钮的过程代码如下：

```
TCM＝MESSAGEBOX("你决定退出系统吗?",36,"退出提示")      && 信息框等待单击
IF TCM = 6      && 如果单击"是"
    CLEAR EVENTS    && 关闭所有事件
    SET  SYSMENU  TO  DEFAULT  && 恢复系统菜单
    QUIT    && 退出系统
```

```
ELSE     && 如果单击"否"
    DO  FORM 主窗口     && 单开主窗口
    RETURN    && 结束本程序
ENDIF
```

图 2-9-21

4. 设置菜单显示方式设置

单击菜单栏"显示"→"常规选项"→"在…之前"→"显示",并选"顶层表单",如图2-9-22所示。

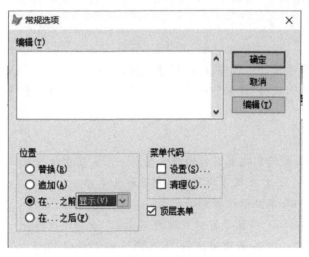

图 2-9-22

5. 菜单的生成

菜单设计完毕后,一定要单击"菜单"→"生成",生成一个"窗口菜单. mpr"文件。

十三、给主窗口添加显示菜单

1. 给主窗口添加菜单

打开主窗口表单,双击 Form1,在对象 Form1 的过程事件中选择"Activate"事件,添加代码如下:

```
DO 窗口菜单.MPR WITH THIS,.T.    && 打开窗口菜单
READ EVENTS   && 激活菜单事件
```

2. 完善主窗口正确卸载过程

添加了菜单后,应进一步完善窗口卸载销毁事件,防止不能真正退出 Visual FoxPro 的后果发生。

选择对象 Form1 的过程事件"Unload",给窗口卸载事件编写代码如下:

```
RELEASE THISFORM    && 释放关闭本窗口
CLEAR EVENTS   && 关闭所有事件
SET SYSMENU TO DEFAULT   && 恢复系统菜单
QUIT    && 退出系统
```

十四、主程序设计

1. 主程序功能说明

主程序的作用一般是设置整个系统运行的环境和基础。本系统主程序的主要功能是设置系统运行环境,为实现符合中文运行的交互界面做好准备,防止用户非法操作引起意外错误,声明共有变量便于数据传递,然后调用登录表单,在用户操作完毕后恢复 Visual FoxPro 默认系统设置。

2. 主程序的建立

建立一个名为"学生管理主程序.prg"程序文件。

单击"项目管理器",选择"代码"→"程序"→"新建",保存程序文件为"学生管理主程序"。

3. 主程序的代码

本主程序的代码如下:

```
SET TALK OFF   && 关闭系统重写时的提示信息——不显示执行过程命令
SET SYSMENU OFF   && 禁止程序执行时访问系统主菜单
SET DELETED ON   && 不显示逻辑删除记录
SET STATUS BAR ON   && 不显示窗口下端的 Visual FoxPro 状态条
ON SHUTDOWN QUIT     && 若没有这句,不可能退出 Visual FoxPro
SET   CENTURY   ON   && 日期显示设置为千位数显示
SET   DATE   TO YMD   && 设置日期显示为中文形式
CLOSE ALL   && 关闭所有文件
CLEAR ALL   && 清除所有屏幕
CLEAR MEMORY   && 删除内存中所有 Visual FoxPro 内存变量
```

```
PUBLIC XM
PUBLIC MM
MODIFY WINDOW SCREEN FONT '隶书',7 NOCLOSE TITLE"学生成绩管理系统"
&& 窗口标题栏设置
_SCREEN.ICON= "SHU.ICO"
&& 主窗口图标,如果没有这个图标文件可不用此语句或更换为其他图标文件
 * _SCREEN 是系统内存变量——Visual Foxpro 主窗口对象,用_SCREEN 的属性;
可设置 Visual FoxPro 的主窗口界面
_SCREEN.VISIBLE= .F.
&& 隐藏 Visual FoxPro 主窗口 ,但是必须将表单的 SHOWWINDOW 属性设置为 2,否则表单
不能显示出来
_SCREEN.CONTROLBOX= .F.    && 去掉主窗口控制按钮。
_SCREEN.WINDOWSTATE=2    && 设置窗口规格为第 2 种,系统窗口开始时最大化
_SCREEN.CAPTION="学生成绩管理系统"   && 设置屏幕窗口标题

DO FORM 系统登录.SCX   && 运行名为系统登录的表单
READ EVENTS

CLOSE ALL
SET SYSMENU NOSAVE     && 将缺省配置恢复成 VISUAL FOXPRO 系统菜单的标准配置
SET SYSMENU TO DEFAULT   && 恢复系统菜单为默认菜单,与上一句配合使用才有效
SET TALK ON      && 允许系统重写时的提示信息——不显示执行过程命令
RETURN
```

十五、程序测试

将学生管理主程序设置为主文件。方法为:单击"项目管理器",选择"代码"→"程序",右键单击"学生管理主程序"→"设置主文件…"。

运行主程序,调用各个模块,进行不同操作,输入不同的数据测试整个系统的正确性与完善性。

十六、连编可执行文件

(1)在项目管理器中,将学生管理主程序设置为主程序后,单击"连编"按钮。

(2)在弹出的"连编选项"对话框中,在"建立操作"单选框中选择"连编可执行文件"单选按钮(VFP 6.0 版),或选择"Win32 可执行程序/COM 服务程序(EXE)(W)"(VFP 9.0 版),在"选项"框中选择"重新编译全部文件"→"显示错误",如图 2-9-23 所示。

单击"版本"可打开版本版权说明设计,可以进行详细设计,版本设计好后单击"确定"返回"连编选项"对话框,如图 2-9-24 所示。

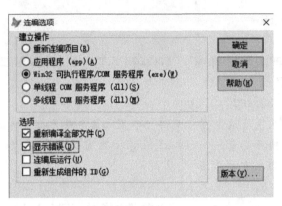

图 2 - 9 - 23

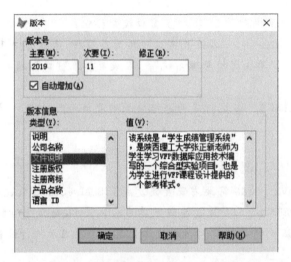

图 2 - 9 - 24

（3）在"连编选项"对话框单击"确定"按钮，弹出"另存为"对话框，如图 2 - 9 - 25 所示。

图 2 - 9 - 25

(4)在"另存为"对话框的"应用程序"文本框中输入一个文件名,例如"×××学生成绩管理系统",×××是学生的姓名,也可以是其他有创意的程序名,然后单击"保存"按钮,就可以开始编译了。

十七、制作软件安装包

此实验为选作项目。

1. 软件安装包的作用

(1)最终用户安装开发好的应用程序或驱动程序的工具,简化软件安装过程,提供亲切友善的操作接口。

(2)可使开发好的应用程序或驱动程序脱离开发环境而运行。

(3)压缩软件大小。

(4)保护软件完整,避免被盗版、破解或植入病毒。

2. 建立制作安装包的文件夹

在 D 盘建立一个文件夹,文件夹名为"学生成绩管理安装包",再在这个目录下建立一个文件夹,文件夹名为"制作好的软件包"。

3. 复制 Visual FoxPro 动态库等文件到安装目录下

本例要求将以下文件复制到"学生成绩管理安装包"文件夹下。

(1) Visual FoxPro 动态库文件。该文件包括:vfp6chs. dll、vfp6enu. dll、vfp6r. dll、vfp6rchs. dll、vfp6renu. dll、GdiPlus. dll、msvcr71. dll、vfp9r. dll、vfp9rchs. dll。

(2)学生成绩管理系统软件中使用到的图片、声音、图标文件。

(3)数据库及表文件。一个数据库文件至少是 2 个文件,一个扩展名为". dbc",另一个扩展名为". DCT"。一个表文件至少是 2 文件,一个扩展名为". DBF",另一个扩展名为". CDX"。有多个数据库或多个表文件,都需要添加到项目中。

(4)数据环境场景文件。该文件主名和数据库一样,但扩展名为". DCT"。

(5)在 Visual FoxPro 中编译并生成的 EXE 文件,例如"×××学生成绩管理系统. EXE"。

没有以上文件,制作的软件包在脱离了 Microsoft Visual FoxPro 环境后将不能运行。

4. Visual FoxPro 6.0 安装包的制作

安装包的制作也就是应用程序发布。建立好发布目录并复制了应用系统运行所必需的全部文件到发布目录"D:\学生成绩管理安装包\"之后,就可以用"安装向导"制作发布磁盘了。

在"工具"菜单选择"向导"子菜单下的"安装"命令,则弹出"安装向导"对话框,选定"创建目录"按钮。

步骤 1:定位文件。安装向导的第一步就是指定发布树目录。可以"创建目录",也可以"定位目录"。本例为刚才建立的安装包制作一个文件夹,也就是"D:\学生成绩管理安装包"。

单击"定位目录"会弹出发布树在哪一个目录的对话框。单击"发布树目录"右侧的按钮,选择安装包制作一个文件夹,本例选择"D:\学生成绩管理安装包",然后单击"下一步"。

步骤 2:指定组件。在"应用程序需要哪些组件?"对话框中选择"Visual FoxPro 运行时刻组件"复选框,可使"安装向导"包含我们开发的应用程序运行时必须支持的文件 vfp6r. dll,单击"下一步"。

步骤3：磁盘映像。该步骤可指定磁盘映像目录和安装磁盘类型，磁盘映像目录是指只做好的安装包存放的目录，选择"D:\学生成绩管理安装包\制作好的软件包"目录；"磁盘映像"一般选择"WEB 安装（压缩）（W）"。

步骤4：安装选项。该步骤要求指定安装时所显示对话框的标题以及版权声明，可以指定安装完成后执行的程序。

步骤5：默认目标目录。该步骤要求指定默认的文件安装目录和开始菜单中程序管理器组名。

步骤6：改变文件设置。该对话框用于改变列出在表格中的文件的设置，可以修改文件的目标目录、更改程序组的属性和为用户的文件注册 ActiveX 控件，如图2-9-26 所示。

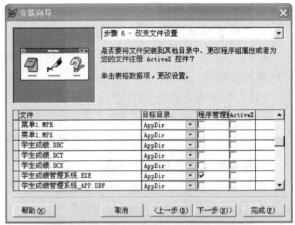

因安装目录现在还是个未知的目录，所以这里用"%s"来引用安装目录的相对路径，输入时以"%s"开头，紧跟 EXE 文件名，其中"s"必须小写，单击"图标"可选择图标文件修改主程序运行时的图标。

步骤7：完成。生成安装包文件，本例选中"生成 Web 可执行文件（W）"。

步骤8：创建打包文件。单击"完成"，系统可建立磁盘控制表、安装脚本、配置文件、压缩包文件等。

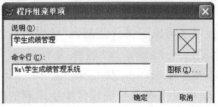

图 2-9-26

单击"完成"按钮后，在"D:\学生成绩管理安装包\制作好的软件包 WEBSETUP"目录下产生了磁盘映像 WEBSETUP 和\DISK144 子目录。

如果选择"网络安装"创建打包文件，单击"完成"后，系统可建立磁盘控制表、安装脚本、配置文件、压缩包文件等。

最后显示安装向导磁盘统计信息。这时在"D:\学生成绩管理安装包\制作好的软件包"目录下的 "WEBSETUP"目录下产生了一个"Setup.exe"安装文件和其他几个安装配置和压缩包文件。

5. Visual FoxPro 9.0 安装包的制作

Visual FoxPro 6.0 版是一个集成安装包制作工具制作的软件安装包，并不是一个单独的安装文件，而是由一个"Setup.exe"安装文件和几个文件组成的，很显然这不是一个标准的安装包。从 Visual FoxPro 7.0 后取消了这个安装包制作工具，与此同时，在 Visual FoxPro 8.0 后的发布盘中多了有一个"installshield"文件夹，该文件夹下有一个安装包制作程序"isxfoxpro"——即著名的微软"InstallShield Express"安装包制作工具软件。该软件功能极强，不仅可以轻松制作 Visual FoxPro 的软件包，还可以制作其他计算机语言的软件包。该工具软件所具有的强大功能和灵活的安装程序建立技术，制作好的软件包只有一个"Setup.exe"文件，使客户高效安装和配置应用程序成为可能。用"InstallShield Express"工具制作安装包的过程如下。

(1)首先安装 InstallShield Express 软件。在 VFP 9.0 的安装包中,自带有"InstallShield Express 5.0"的安装程序,该程序在一个名为"installshield"的文件夹中,打开该文件夹,双击"isxfoxpro. exe"文件,可启动安装向导,然后按向导操作,即可完成对 InstallShield Express 5.0 软件的安装。

(2)启动 InstallShield Express。安装好 InstallShield Express 5.0 后,单击计算机"开始"→"程序",可看到"InstallShield Express 5.0 for visual foxpro"快捷方式,单击可启动 InstallShield Express 5.0。

(3)新建项目。初次启动只出现 Start Page(开始页面)对话框。新建项目方法如下:

方法 1:单击"File"(文件)→"New"(新建),打开"New Project"(新建工程)对话框。

方法 2:单击左侧导航版"Project Tasks"(项目任务栏)→"Create a new project"(建立一个新项目)项,打开"New Project"对话框,选"Express Project"。在"Project Name"工程名栏填入自己的项目名称。在"Project Language"选择语言,一般选"Chinese(Simplified)"。否则安装期间对话框的中文将会变成乱码。需要注意的是,在选择了一种语言后,不能再进行修改。在"Location"填入生成的安装程序的路径,并将下面的"Create project file in'Project Name'subfolder"选项打钩。新建项目完成,点击"OK"进入下页(Project Assistant)。

(4)Project Assistant(项目助理)页设置。新建项目界面简介。主窗口出现三个选项卡:"Start Page"(开始页面)、"Project Assistant"(项目助理)和"Installation Designer"(安装设计)。下面分别介绍每页中的具体设置方法。

Application Information(应用程序信息)设置。

该项填入安装程序的有关信息,如公司名称、安装程序名称、版本、网址、图标等。

"Specify your company name"(指定你公司名称)"项目应填入安装程序的文件夹名称。

"Specify your application Version"(指定您的应用程序版本)。默认为"1.00.0000",可以按照自己的版本输入。

"Specify your company address"(指定您的公司地址)。输入公司的网址或地址。

"Browse your application Icon"(浏览选择您的应用程序图标),可以更换自己的软件图标,前提是要提前准备好 Icon 图标文件。

(5)Installation Requirements(安装要求)设置。该项选择安装程序今后运行的操作系统等,一般按默认选项。

(6)Installation Architecture(安装架构)设置。一般按默认选项。

(7)Application Files(应用程序文件)设置。本选项是选择制作安装包的文件夹和文件。要制作脱离 Visual FoxPro 9.0 开发环境的软件包,必须添加以下文件:

首先是动态库文件。该动态文件主要有:vfp6chs. dll、vfp6enu. dll、vfp6r. dll、vfp6rchs. dll、vfp6renu. dll、GdiPlus. dll、msvcr71. dll、vfp9r. dll、vfp9rchs. dll。

其次是用户软件使用到的数据库及表文件。一个数据库文件至少由两个文件组成,一个扩展名为". dbc",另一个是数据环境场景文件,该文件主名和数据库文件主名相同,扩展名为". DCT"。一个表文件至少由两个文件组成,两个文件的主名相同,一个扩展名为". DBF",另一个扩展名为". CDX"。用户软件若有多个数据库或多个表文件,必须全部添加到项目中。

另外,还有用户软件中使用到的图片、声音、图标文件也必须全部添加到项目中。

(8)Application Shortcuts(应用程序快捷方式)设置。选择主程序的快捷启动方式。这个选项卡在 Windows 10 下初次使用,会出现一些异常退出 BUG,如果顺利的话,单击"New"(新的),弹出对话框解释如下:

"APPdataFoder"为应用程序,"commonFilesFoder"为共享的文件,ProgramFilesFoder 为程序文件。

双击"ProgramFilesFoder"(程序文件),弹出对话框;双击项目名"学生成绩管理系统",再次弹出对话框,双击"My Product Name"(我的产品名称),又弹出对话框,选择主程序"学生成绩管理系统.EXE"→单击"Open"(打开)。

注意:Windows 10 下反复出现错误。可以不做快捷方式,将来安装软件后手工做快捷方式。

(9)Application Registry(应用程序注册表)设置。默认选项为"NO"不修改注册表,如需要修改系统的注册表则进入该项,单击"Yes"后进行修改。

(10)Installation Interview(安装时的对话)设置。对安装过程中出现的版权对话框、公司名称、用户名、是否要修改安装路径、是否能选择安装部分文件及选择主程序等进行设置。

用 Word 或其他文本编辑软件提前编写一个版权说明文件,这个文件的扩展名为".RTF"。单击"Browse"(浏览)按钮选择版权说明文件,然后打开即可。

(11)Build Installation(生成安装包)。建立安装文件的类型,分为单一执行文件、网络安装、光盘安装等。

注意:到此已基本完成,但千万不要按"Build Installation"按钮。先进入"Installation Designer"页面。

我们选择第一个"single Executable"(单一可执行文件)。

(12)Installation Designer(安装设计)。在此页面中可对上述的设置进一步进行详细的设置和修改,最重要的是应将 VFP 9.0 的运行时刻库加入安装文件中,否则不能脱离 VFP运行。

加入方法为:在该页面左侧栏内选"Redistributables"后双击,找到"Microsoft Visual Foxpro 9.0 Runtime Libraries",将其选中即可。

在完成所有的设置后,最后再进入上页"Projecte Assistant"(项目助理),进入"Build Installation",点击"Build Installation"按钮,便完成安装程序的制作。

使用 InstallShield Express 5.0 完成制作安装包后,将在用户项目文件夹下自动建立一个四级文件夹"Express\SingleImage\DiskImages\DISK1",在"DISK1"文件夹下就有制作成功的一个标准安装包"Setup.exe"文件。

6.第三方专业软件安装包制作软件的使用

第三方专业安装包制作软件推荐使用 Setup Factory。该软件功能更强大,兼容性好,可很方便地制作出专业的软件包。

十八、学生成绩系统的安装(选做)

此实验为选作内容,意在再次测试实验项目产生的应用软件。

1.安装

运行自己制作的安装程序"Setup.exe",按提示一步步操作就可以完成应用程序的安装。

2. 运行测试

应用程序安装好后,在"开始"菜单中出现该应用程序的程序组及程序项,用户可通过它启动应用程序,为了方便可将该应用程序以"桌面快捷方式"发送到桌面。

十九、撰写实验报告

撰写一份本次实验报告,实验报告中必须有本次实验所有表单和设计图和运行效果图,且不少于 14 张截图。

下篇

Visual FoxPro 课程设计

第三部分　课程设计概述

一、课程设计的目的

高等院校经管类专业本科生开设的"数据库原理及应用"是一门学科基础必修课,该课程多采用数据库管理系统 Visual FoxPro。如果要使学生深入了解并掌握数据库原理及应用相关知识,除了有必需的实验课外,还应该有针对本数据库管理系统的课程设计实践教学,这对学生巩固数据库知识、加强学生的实际动手能力、提高学生综合素质十分必要。本课程分为系统分析与数据库设计、应用程序设计、系统集成调试和编写设计报告四个部分,不仅可为学生学习计量经济学、统计学、电子商务等专业课打下坚实的基础,还可提升学生参与大学生创新创业和"互联网+"等科技活动的基本知识和技能。

二、课程设计的目标

(1)本设计课程是"数据库原理及应用"课程的后续实战课,它对学生巩固数据库知识、加强学生的实际动手能力、提高学生综合素质十分必要。该课程可使学生更全面地理解和掌握数据库系统的基本概念、原理和技术,深入理解和体验数据库技术在现代信息时代的巨大作用,学生通过应用现有的数据建模工具和数据库管理系统软件,可以规范、科学地完成一个小型数据库应用系统的设计与开发,将理论与实际相结合,培养学生分析数据信息问题和处理数据信息的能力,提高学生动手能力和创新能力。

(2)通过设计一个较为完整的数据库应用小型系统,使学生掌握软件开发的需求分析、软件设计、软件测试、软件打包等过程和方法,进一步熟悉 Visual FoxPro 数据库管理系统强大的系统开发技术。

(3)本课程设计允许学生组队开发项目,使学生具有为达到既定目标所需的自愿合作、协同努力的团队协作精神,可培养并强化学生与人进行良好合作的团队意识。

(4)培养学生有效地进行自主学习,养成良好的自学习惯。本课程设计项目内容具有开放性、创新性,要求学生学会利用现代科技与信息等渠道和途径获取新知识,培养学生具备自我学习知识、自我消化知识、自我更新知识、进行终身学习的能力。

三、课程设计的要求

(1)主要仪器设备要求:硬件为当今一般配置的计算机和具体项目所需的其他硬件,操作系统为 Windows 系统,软件为 Visual FoxPro 6.0 以上版本的数据库管理系统软件。

(2)课程设计报告书的要求:要有统一规范的课程设计报告书模板。

(3)答辩要求:小组成员大于 4 人的需通过答辩课程设计报告书验收。

四、课程设计的主要内容

(1)系统分析:①需求分析和系统设计的基本方法;②系统数据流图、数据字典和系统结构分析。

(2)数据库的分析与建立：①数据库设计方法和规范化理论；②数据库的逻辑模型、外模型和物理模型。

(3)应用程序设计和程序调试：①设计并编写输入/输出功能模块的应用程序；②设计并编写查询/统计功能模块的应用程序；③设计并编写数据维护功能模块的应用程序；④系统的各个功能模块集成；⑤总调试和优化工作；⑥主程序的设计。

(4)系统打包与发布。

(5)撰写设计报告书。

五、课程设计时数

本设计课集中安排两周进行，但应提前一周或数周公布课程设计项目课题。

在课程设计正式开始时，教师利用2节课讲解课程设计的要求，指导学生完成项目需求分析、系统数据流图、数据字典和系统结构分析。学时分配如表3-1-1所示。

表3-1-1 学时分配表

序号	内　　容	课程设计时数
1	确定题目、征询老师同意	20__年__月__日至 20__年__月__日
2	搜集资料、分析软件需求与功能	20__年__月__日至 20__年__月__日
3	编写程序，测试修改并联编为软件	20__年__月__日至 20__年__月__日
4	编写课程设计书初稿	20__年__月__日至 20__年__月__日
5	根据指导老师对初稿的修改意见，形成第二、三稿	20__年__月__日至 20__年__月__日
6	定稿，准备课程设计答辩	20__年__月__日至 20__年__月__日
合计		____二周

六、课程设计项目与内容提要

课程设计项目题目由任课教师编写，每个项目应至少包括以下内容：

(1)数据库要求：数据库名、表名、字段至少有哪些(具体字段学生设计)、记录要求(一般要求数据表前面的记录必须是本小组所有成员、总记录不少于多少条)。

(2)硬件要求：多媒体软件要使用的手机、照相机、耳机等。

(3)主要功能要求：这是重点，必须明确要求软件要实现的功能。

(4)其他要求：系统软件名称可以更具有时代特色，有创意，界面友好，易于操作。

(5)项目选题要求：课程设计题目难易程度不一，但都要使用到数据库技术，可根据项目难易程度规定项目完成人的多少。课程设计项目完成承担人以小组为单位,人数控制在 1~4 人为一组。鼓励学生自己选定一项目,但必须征得老师审核同意。项目限定 1 人选的题目只能由 1 人单独完成,限 N 人选的题目可由 1~N 人完成,每个班上所选课题不得重复。学生根据题目的需求描述,进行实际调研,设计较完整的需求分析、规划数据库、设计系统模块。

(6)对课程设计成果的要求:编写程序代码,编译为可执行软件,编制课程设计报告书。

(7)学生选题需征得老师同意后方可进行课程设计。

七、课程考核及成绩评定

该课程以考核学生的实际动手能力和创新能力为主要依据,以检查学生对各知识点的掌握程度和应用能力为重要内容,总评成绩由平时成绩(10%)、编译后的可运行软件(30%)、课程设计报告书(50%)、答辩(10%)四个考核环节构成。各考核环节的具体要求及成绩评定方法如下。

1. 平时成绩

平时成绩考核学生出勤。课程要求每一位学生全程参与所有教学环节,授课教师应记录出勤情况。其中平时成绩中旷课一次扣 5 分。

2. 编译后的可运行软件

学生必须提供自己编译后的可运行软件和源代码。要求界面美观,功能要达到项目任务规定的要求。

3. 课程设计报告书

课程设计报告书占 50%,具体考核项目包含:①问题描述。这包括对项目问题理论和实际两个方向的分析。②解决方案。这包括模块设计要规范、合理,数据库的设计要考虑实现软件功能的必要性和完整性。③解决方案中所设计的流程图要规范、合理、美观。④课程设计报告书要符合模板规定的格式和结构。

4. 成绩评定

本课程的成绩构成如下:

成绩＝平时成绩(10%)＋编译后的可运行软件(30%)＋课程设计报告书(50%)＋答辩(10%)

最终成绩以"不及格、及格、中等、良好、优秀"五级制给出。

第四部分　课程设计书格式

一、课程设计书总体说明

课程设计书分两大部分,包括课程设计书前面部分和正文部分。

课程设计书前面部分共 5 页,分别是:①课程设计书封面;②课程设计评阅书;③课程设计任务书;④课程设计书摘要;⑤课程设计书目录。

课程设计书正文部分一般分为:①课题描述;②总体设计说明;③数据库设计;④系统详细设计;⑤系统测试;⑥总结评价;⑦致谢;⑧参考文献;⑨附件。

不同课程的课程设计书的格式是不完全相同是的。下面以陕西理工大学的 Visual Fox-Pro 课程设计书格式要求进行说明。

二、课程设计书前面部分格式

1. 封面

陕西理工大学数据库原理与应用课程设计说明书封面如图 4-1-1 所示。

陕西理工大学
SHAANXI SCI-TECH UNIVERSITY

数据库原理与应用课程设计
设计说明书

××××××××系统

学生姓名 _____

班　　级 _____

指导教师 _____

_____学院 _____系

_____年 _____月 _____日

图 4-1-1

2. 评阅书

陕西理工大学数据库原理与应用课程设计评阅书如表 4-1-1 所示。

表 4-1-1

题目				
学生姓名		学号		成绩	
学生姓名		学号		成绩	
学生姓名		学号		成绩	
学生姓名		学号		成绩	
学生姓名		学号		成绩	
学生姓名		学号		成绩	

指导教师评语

指导教师签名：

年　　月　　日

3.任务书

陕西理工大学数据库原理与应用课程设计任务书如表4－1－2所示。

课程设计任务书
20＿＿－20＿＿学年第＿＿＿＿学期

专业：＿＿＿＿＿＿＿学号：＿＿＿＿＿＿姓名：＿＿＿＿＿＿＿；

　　　＿＿＿＿＿＿＿学号：＿＿＿＿＿＿姓名：＿＿＿＿＿＿＿；

　　　＿＿＿＿＿＿＿学号：＿＿＿＿＿＿姓名：＿＿＿＿＿＿＿；

　　　＿＿＿＿＿＿＿学号：＿＿＿＿＿＿姓名：＿＿＿＿＿＿＿；

　　　＿＿＿＿＿＿＿学号：＿＿＿＿＿＿姓名：＿＿＿＿＿＿＿；

　　　＿＿＿＿＿＿＿学号：＿＿＿＿＿＿姓名：＿＿＿＿＿＿＿；

　　　＿＿＿＿＿＿＿学号：＿＿＿＿＿＿姓名：＿＿＿＿＿＿＿；

　　　＿＿＿＿＿＿＿学号：＿＿＿＿＿＿姓名：＿＿＿＿＿＿＿；

课程设计课名称：＿＿＿＿＿＿＿＿＿＿＿＿＿＿＿＿＿＿＿＿＿．

设计题目：＿＿＿＿＿＿＿＿＿＿＿＿＿＿＿＿＿＿＿＿＿＿＿．

完成期限：自 20＿＿年＿＿月＿＿日至20＿＿年＿＿月＿＿日　共＿＿周

一、课程设计任务（条件）、具体技术参数（指标）

1.软件任务需求分析

2.软件功能实现途径（问题的解决方案）

3.软件设计

二、对课程设计成果的要求（包括课程设计书、图纸、图表、实物等软硬件要求）

1.编写程序代码

2.编译为可执行软件

3.编制课程设计报告书

三、课程设计工作进度计划

1.确定题目,准备开题答辩　　　　　　＿＿＿年＿月＿日－＿日＿　共＿天

2.搜集资料,分析软件需求与功能　　　＿＿＿年＿月＿日－＿日＿　共＿天

3.编写程序,测试修改并联编为软件　　＿＿＿年＿月＿日－＿日＿　共＿天

4.编写课程设计书初稿　　　　　　　　＿＿＿年＿月＿日－＿日＿　共＿天

5.根据指导老师对初稿的修改意见,形成二、三稿

　　　　　　　　　　　　　　　　　　＿＿＿年＿月＿日－＿日＿　共＿天

6.定稿,准备课程设计答辩　　　　　　＿＿＿年＿月＿日－＿日＿　共＿天

四、主要参考资料

指导教师（签字）：＿＿＿＿＿＿＿＿＿

批 准 日 期：　　　＿＿＿年＿＿＿月＿＿＿日

4. 摘要

陕西理工大学数据库原理与应用课程设计摘要如表 4-1-3 所示。

表 4-1-3

摘　要

　　摘要主要说明 Visual FoxPro 特点和自己的把握程度,简要说明自己设计题目的目的、意义、内容、主要任务等。例如:

　　××××语言作为计算机广泛使用的语言,它功能丰富、表达能力强、应用面广、目标程序效率高、可移植性好,特别适合编写系统软件,方便了我们的学习和工作。本学期我们系统地学习了这种计算机语言。我们用××××语言设计出一个×××××系统,该系统可以针对实际生活工作中的××××××,在技术上我们采用×××××××,达到了×××××××××××的目的,该系统具有……的功能和……的特点。

　　关键字:(关键字是可搜索到本课程设计的关键词语,应体现本课程设计的最大特点,词语 4~5 个,例如:Visual FoxPro 可视化编程 数据库 课程设计 ×××××××系统)

　　(注:以上摘要文字单独一页,字数不少过 300 字。)

5. 目录

在对相应的标题文字设置了"标题"格式后,通过 Word 和 WPS 的"引用"功能,可以自动生成目录页。自动生成的目录非常整体美观,不过一旦脱离了原来的文件,将无法获取页码编号。

三、课程设计书正文部分格式

正文是设计说明书的核心部分,占主要篇幅。正文可以包括:实验与观测方法和结果、仪器设备、计算方法、编程原理、数据处理、设计说明(程序设计组成框图、流程图)与依据、详细设计(模块功能说明,如函数功能、入口及出口参数说明,函数调用关系描述等);调试与测试(调试方法、测试结果的分析与讨论、测试过程中遇到的主要问题及采取的解决措施);结论;致谢。

正文内容必须实事求是、客观真切、准确完备、合乎逻辑、层次分明、语言流畅、结构严谨,符合各学科、专业的有关要求。

(一)课题描述

1. 软件需求分析

软件需求分析主要说明软件开发的原因和目的、软件所要达到的功能等。

在日常生活中,不管是学生还是上班族,甚至是老年人,都要存款或取款,而人们在各银行营业厅里存款或取款时都要花费大量的时间在排队上。所以,为了方便人们取款或存款,特别是对学生和一些赶时间的上班族,我们模拟现实生活中银行系统中的 ATM 机,创建了一个自助存取款一体机系统。

我们采用 Visual FoxPro 语言,使用数据库技术和人们喜闻乐见的窗口界面,将一个较大问题采用模块化的程序设计,即将较大的任务按照一定的原则分为较小的任务,然后分别设计各小任务,较为灵活方便地实现了全部系统功能。

在该系统中,我们实现前台对银行卡余额的查询、取款、存款、转账的功能操作,同时也实现了后台对管理员的管理、对客户及银行卡的管理。

2. ×××系统的特点

该部分主要说明本系统的设计要求和特点。系统具体特点由课程设计人员编写。

开发人员组成如下:

本次系统开发的成员有:×××,×××,……和×××。

其中组长是:×××。

本计划的审查与批准者:张正新老师。

成员具体分工如下:

×××:负责完成软件组织协调、整体设计、数据库规划设计以及……

×××:负责××××××模块的界面设计、美化、程序编写、测试以及本模块的报告编写。

×××:负责××××××模块的界面设计、美化、程序编写、测试以及本模块的报告编写。

×××:负责××××××模块的界面设计、美化、程序编写、测试以及本模块的报告编写。

　　×××：负责×××××××模块的界面设计、美化、程序编写、测试以及本模块的报告编写。

　　×××：负责系统的组装、测试、连遍、软件包的制作以及本部分报告的编写。

　　…………

　　(注：有多少成员写多少，要根据实际分工编写)

　　其中："×××"表示课程设计小组成员名，"×××××××"表示成员负责的模块名。

(二)总体设计说明

1.××××系统功能简介

　　系统功能结构要用文字描述或结合结构图说明，在系统功能分析的基础上，按照结构化程序设计，将系统功能进行集中、分块处理。例如："为您提供最快捷的学生住宿信息查询、修改、删除、添加、显示。陕西理工大学住宿管理系统会满足您的需求！"系统功能结构如图4-2-1所示。

　　(注：这里需要插入流程图)

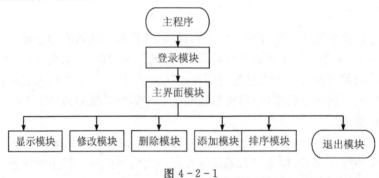

图4-2-1

　　(1)××××系统登录模块功能介绍。该部分要用文字描述功能或结合结构图说明。例如："为了保护学生信息的安全，首先您需要进行系统登录，输入管理员姓名和密码。当您正确输入姓名和密码登录后，您将在一段优美的音乐中使用学生信息管理系统。"

　　(2)××××系统×××模块功能介绍。该部分要用文字描述功能或结合结构图说明。

　　(3)××××系统×××模块功能介绍。该部分要用文字描述功能或结合结构图说明。

　　(4)××××系统×××模块功能介绍。该部分要用文字描述功能或结合结构图说明。

　　…………(注：有多少个模块就介绍多少模块)

2.××××系统的计算机系统支持要求

　　(1)硬件要求。本小组每个成员都应有一台电脑。其配置要求如下：

　　①CPU最低配置core i3，推荐使用core i5等。

　　②内存最低配置1GB内存，推荐使用4GB等。

　　③硬盘最低配置500GB，推荐使用2T等。

　　(2)软件要求。

　　①操作系统必须在以Windows XP、Windows 7或Windows确10系统为平台的环境下运行。

　　②数据库管理系统：Visual FoxPro 6.0/9.0或更高版本。

(三)数据库设计

1. 数据库名称

数据库名称为××××××。

2. 数据库简介

数据库名为×××。根据系统功能设计的要求及功能模块的划分,图书管理数据库包括了×××个数据表。

3. 数据库表详细说明

(1)×××表。

名称:×××。

作用:存放×××××。

表结构如表4-2-1所示。

表 4-2-1

字段名	类型	宽度	小数点	作用	其他说明

(2)×××表。

名称:×××。

作用:存放×××××。

表结构如表4-2-2所示。

表 4-2-2

字段名	类型	宽度	小数点	作用	其他说明

(注:系统中有几个表就介绍几个)

(四)×××系统详细设计

1. 登录界面设计

(1)模块名:×××。

(2)功能介绍:×××××××××。

数据环境:本模块运行时需要数据库表××××的支持。

(3)本模块窗体界面设计。

这里需要插入本模块设计图,如图4-2-2所示。

图 4-2-2

（4）主要控件属性如表 4-2-3 所示。

表 4-2-3

控件名	属性	属性值	属性	属性值

表单中控件的字体、字色、字号、背景图片、按钮图片等属性都进行相应的设置美化。

（5）流程图。

这里要插入本模块结构图或流程图。数据流程如图 4-2-3 所示。

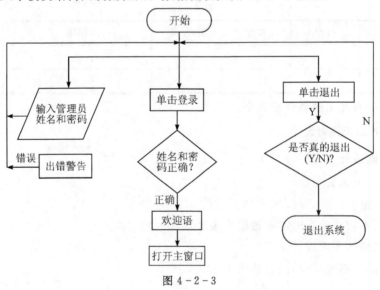

图 4-2-3

（6）程序代码的编制。

例如，窗口的初始化代码如下：

．．．．．．．．．．．．．．．．．

Command1 的单击事 Click 其代码如下：

．．．．．．．．．．．．．．．．．．．．．．．．．．．．．．．．．．

．．．．．．．．．．．．．．．．．

Command2 的单击事 Click 其代码如下：

．．．．．．．．．．．．．．．．．．．．．．．．．．．．．．．．．．．．

．．．．．．．．．．．．．．．．．

(注：有多少代码就写多少，并且要锯齿状书写)

2.×××主窗口界面编码设计

(1)×××主窗口界面模块名：×××××。

(2)功能介绍：×××××××××。数据环境：本模块运行时需要数据库表××××的支持。

(3)本模块窗体设计：要用具体设计图、表、文字说明。这里需要插入本模块设计图，如图4－2－4所示。

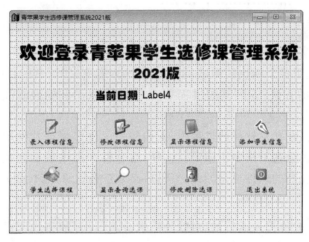

图 4－2－4

(4)主要控件属性如表4－2－4所示。

表 4－2－4

控件名	属性	属性值	属性	属性值

其他属性要进行相应的设置。

(5)流程图：这里要插入本模块结构图或流程图，如图4－2－5所示。

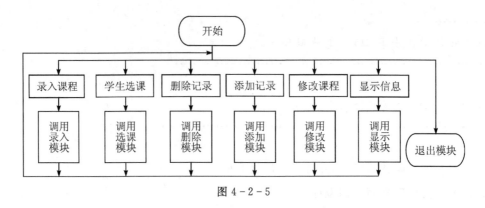

图 4-2-5

(6)代码的编制。×××××的×××事件代码如下：

例如,Command1 的单击事 Click 其代码如下：

....

....

(注:有多少个模块就写几个模块,格式基本一致)

(五)系统测试

这一部分主要说明各个模块的测试,主要包括的内容有:①测试的目的;②测试的人员;③测试的时间;④测试的方法;⑤测试的过程举例,要有效果图和错误修改过程;⑥测试的最终结果。

系统测试例文为:在开发软件的过程中,人们使用了许多保证软件质量的方法分析、设计和实现软件,但难免还会在工作中犯错误。这样,在软件产品中就会隐藏许多错误和缺陷,尤其是对规模大、复杂性高的软件更是如此。所以,必须进行认真、有计划、彻底的软件测试。

1. 测试概述

软件测试就是在软件投入运行前,对软件需求分析、设计规格说明书和编码的最终复审,是软件质量保证的关键步骤。确切地说,软件测试就是为了发现错误而执行的过程。

2. 本系统主要测试人员及其分工

×××负责××××模块测试;

×××负责××××模块测试;

×××负责××××模块测试;

…………

×××负责总体测试。

(注意:按照具体测试分工)

3. 测试的目的和规则

软件测试的目的是想以最少的时间和人力找出软件中潜在的错误和缺陷。一个成功的软件应该不怕挑剔的用户进行测试。如果成功地实施了测试,就能够发现软件存在的错误。

根据这样的测试目的,软件测试的规则应该是:把"尽早地和不断地进行软件测试"作为软件开发者的座右铭;测试用例应由测试输入数据和与之对应的预期输出结果两部分组成;程序员应避免检查自己的程序。

在设计测试用例时，应当包括：合理的输入条件和不合理的输入条件；充分注意测试中的群集现象；严格执行测试计划，排除测试的随意性；应当对每一个测试结果做全面检查；妥善保存测试计划、测试用例、出错统计和最终分析报告，方便后期维护。

4. 调试过程

调试过程分为三个阶段，分别是分调、联调、总调。

(1)分调。分调的具体做法是对每一个模块进行调试。调试时要着重检查如下几方面：

①模块运行是否正常、有无死机。这包括检查有无语法错误（例如打错语句、语句不配对等）、逻辑错误（例如文件或变量找不到、变量类型错误等）和流程模块错误（例如模块内的功能调度、模块的进入与退出失败等）。

②模块的功能是否符合设计的要求。这包括检查功能有无多余或丢失、功能是否准确无误、算法是否正确、格式是否合理等。

③模块的技术性能如何。这包括检查对输入的响应、数据检索、统计与输出的速度等。

④界面是否友好。这包括检查画面是否清晰美观、操作是否方便等。

(2)联调。联调的具体做法是对每个子系统进行逐个调试。调试时要特别检查如下几方面：

①子系统内模块功能的调度是否正确。这包括模块间的进退是否自如、有无问题。

②子系统的功能是否符合设计的要求。这包括功能是否齐全、有无错漏。

③子系统内的数据组织是否符合功能的需要。这包括基本数据项是否完整、数据文件间的关系是否正确、数据接口设计是否合理等。

(3)总调。总调的具体做法是对由各个子系统结合而成的程序系统以及配合系统运行所需的人工过程或操作环境（例如数据采集、录入操作和设置等）进行统一的综合调试。总调的重点应检查如下几个方面：

①系统的整体调度功能是否正常。这包括主程序与各级菜单之间的进入与返回、查询修改等都能正常运行。

②系统的功能是否符合系统分析和总体设计的要求。这包括系统的功能和结构有无错漏、功能的分配与模块的分解是否合理等。

③系统的数据组织与存储是否符合设计的要求。这包括检查数据的总容量，文件或数据库与子系统之间的数据联系等。

5. 系统测试记录

(1)模块分别测试记录。模块分别测试是每个模块设计完成后进行的测试。

①登录模块主要 Bug 及其处理记录，如表 4 - 2 - 5 所示。

表 4 - 2 - 5

模块名	Bug 描述	处理方法	测试人员	时间
登录模块				

最终运行效果图如下:(这里需要学生在此行下插入自己软件登录模块运行效果图)。

②登录主窗口模块主要 Bug 及其处理记录,如表 4 - 2 - 6 所示。

表 4 - 2 - 6

模块名	Bug 描述	处理方法	测试人员	时间
登录主窗口模块				

主窗口模块最终运行效果图如下:(这里需要学生在此行下插入自己软件主窗口模块运行效果图)。

(注:这里需要插入运行效果图)

……………

(注:系统有几个模块就记录几个模块的测试)

……………

(2)多模块联合测试记录。联合多模块测试是在几个模块之间联合测试,测试主要 Bug 及其处理记录,如表 4 - 2 - 7 所示。

表 4 - 2 - 7

联合模块名 (几个模块)	Bug 描述	处理方法	测试人员	时间

(3)系统总测试记录。综合测试也叫总测试,是在开发完软件后进行综合测试。其测试主要 Bug 及其处理记录如表 4 - 2 - 8 所示。

表 4－2－8

Bug 描述	处理方法	测试人员	时间

四、课程设计书尾部要求

(一)总结评价

1.总体评价

例文如下：

在项目确立后，我们项目小组成员情绪高昂，通过走访群众，了解用户对该项目的功能要求，倾听老师对技术路线的指导意见。然后认真策划项目的开发，较为详细地分析了项目需求、功能模块、实现途径、算法技巧等。在做好计划后，我们根据每个成员的个人喜好和能力水平进行了分工，明确了各自的任务，规定了代码书写的格式，限定了进度时间，并随时检查跟踪计划任务的完成情况，从而保证了课程设计的顺利进行。

项目开发是项目成员合作工作的大工程，成员之间的沟通是非常重要的。在整个课程设计过程中，本小组成员众志成城、团结一致、及时沟通、不耻下问，这既体现了良好的团队协作精神，也促使了我们快速地推进项目进度。在项目的开发过程中，我们经常与老师沟通，得到了老师的及时帮助，不仅解决了我们在编程方面遇到的问题，还使我们能尽快地发现一些原先对系统需求分析不全面的问题，促使我们能及时找出问题、解决问题，达到了事半功倍的效果。

经过我们小组各位同学的共同努力，我们的×××××系统已经很好地完成了调试，经过多次的反复测试，此系统开发得还是比较成功的，但是限于硬件不足(我们的系统在实际中需要读卡器等外部设备)和时间有限，该系统还存在着一些问题，如×××××的构建缺陷、程序代码的优化上也存在一些问题，这需要我们今后用一定的时间来进行反复调试，发现并解决问题，完善其功能。

2. 小组成员心得体会

姓名：吴菲

性别：女

班级：工商管理 08 级 1 班

学号：0820044020

人生格言：汗水与成功是成正比的，我要为自己加油！

心得体会

回顾起此次企业生产管理系统的课程设计，至今我仍感慨颇多。的确，从选题到定稿，从理论到实践，在整整两星期的日子里，可以说是苦多于甜，但是可以学到很多的东西，不仅巩固了以前所学过的知识,还学到了很多在书本上没有学到的知识。在课程设计之前,因为有了综合实验的经验与教训,我明白了写代码这一步是非常重要的,于是在课程设计的时候,我花了整整三天的时间来规划和编写代码。有时候会出现莫名其妙的问题,例如乱码的问题,这就要花很多时间在重新写代码上了,用一些可能不出现乱码的方法来实现该功能。因此,我觉得每次写程序,应该先找到该程序中的核心地方,用多种方法来实现该核心功能,这才可能避免到最后发现逻辑上或者编译器不支持等错误的出现。这次课程设计使我懂得了理论与实际相结合是很重要的,只有理论知识是远远不够的,只有把所学的理论知识与实践相结合起来,从理论中得出结论,才能真提高自己的实际动手能力和独立思考能力。

通过课程设计,我明白了开发一个小小的实用系统是需要考虑到很多方面的,例如不可以出现菜单返回不到的情况,每一步都应该给予用户足够的选择与提示,这与平时做练习是不同的,但也因为平时有许多的练习基础,会使我做起程序来更加得心应手。

这次课程设计终于顺利完成了,在设计中我遇到了很多编程问题,最后在张正新老师的耐心指导下,问题最后都迎刃而解。同时,在张老师的身上我学得到很多实用的知识,在此表示衷心的感谢!

姓名:张露瑶
性别:女
班级:国贸 12 级 01 班
学号:1202014014
人生格言:我的未来在我手中,只有我掌控,你说了不算!

心得体会

刚听说这门课的时候,我恐惧过、迟疑过、迷茫过……我想:这可是软件啊,不是说开发就能开发出来的,要是这样,人人都可以开发了,它应该很难吧?! 就我对 Visual FoxPro 了解的这点皮毛,我可以吗? 要是做的话,我又该做什么呢? 怎样做才能让我的软件与众不同? 又该如何去开发呢? ……这些问题一直出现在我的脑海里,但当我接触到这门课时,越学越发现它越来越有趣,尤其是做了综合实验之后,就越发觉得开发一个软件是一件多么让人自豪的事情。在我确立了开发项目之后,我仔细研究了一下项目开发的计划,将整个系统的流程路径一一想清楚之后,我开始了我的自助点餐系统的软件开发之旅,虽然整个过程苦而不易,例如动画设计的代码有误,显示用户所选菜的信息的代码不够完善,使得程序运行不畅等诸多问题,但在张正新老师的帮助下,所有的问题最后都迎刃而解。还有一点,令我印象深刻:在实验中,要勤于动手,对于不知道的东西、不清楚的东西,不应该是马上就去问同学或者老师,而是应该自己先去动手查阅书籍,检验测试结果。

通过课程设计,我明白开发一个小小的实用系统是需要考虑到很多方面的。另外,就是要善于及时归纳总结,这样会给自己留下很深刻的印象,会对自己有很大的帮助。

这次课程设计在磕磕绊绊中最终完成了,这与张正新老师的耐心指导和帮助是分不开的,在此我表示衷心的感谢,张老师您辛苦了,谢谢!

(二)致谢

本次课程设计在选题及软件设计过程中得到了张正新老师的悉心指导。在软件设计的过程中,张老师多次帮助我们分析思路、开拓视角,在我们遇到困难想放弃的时候够耐心地帮我们分析指导并给予我们极大的支持和鼓励。老师严谨的治学态度、丰富渊博的知识、敏锐的学术思维、精益求精的工作态度以及诲人不倦的师者风范使我受益终生,老师高深精湛的学术造诣与严谨求实的治学精神,将永远激励着我。

除此之外,感谢校方给予我们这样一次锻炼机会,并在这个过程当中给我们提供各种方便,使我们能够独立地完成一个课程设计,使我们在这学期快要结课的时候,能够将学到的知识应用到实践中,增强了我们实践操作能力和知识应用能力,提高了我们独立思考问题的能力。这次课程设计的辅导教师是张正新老师,软件的功能分析和关键代码的编写都是在张老师的亲自指导下完成的,对张老师超强的软件设计能力和认真敬业的治学精神表示由衷地钦佩,对他的耐心辅导表示诚挚的感谢。此外,张露瑶同学是我本次课程设计的最大帮助者,她是本次课程设计中程序流程图设计的参与者,在此也对张露瑶同学表示衷心的感谢。

(三)参考文献

[1] 卢湘鸿. Visual FoxPro 6.0 数据库与程序设计[M].北京:电子工业出版社,2003.

[2] 徐伟祥,刘旭敏. 数据库应用基础教程:Visual FoxPro 6.0[M].北京:高等教育出版社.

[3] 汪远征,刘瑞新. Visual FoxPro 6.0 中文版教程[M].北京:电子工业出版社,1999.

[4] 麦中凡,苗明川,何玉洁.计算机软件技术基础[M].北京:高等教育出版社,2015.

(四)附件

此部分如果有则写,没有可省略,为非必需内容。

第五部分　课程设计项目

项目一　手机通讯录管理

一、主要功能要求

(1)界面必须符合手机的样式。

(2)要有一个解锁的界面(相当于登录验证密码)

(3)能建立、修改和增删手机通讯录。

(4)能够按姓名、电话等方式进行查询。

(5)能显示和添加照片。

(6)能选择和播放音乐。

二、数据库要求

(1)数据库名由学生自己设计命名。

(2)手机通讯录数据表的要求。手机通讯录表模拟手机电话簿,具体类型宽度由学生自己设计,该表字段至少有以下几类:姓名、手机号、座机号、传真、地址、单位、公司电话、电子邮箱、照片(字符型,宽度50)、铃声(字符型,宽度20)。

记录要求:①前面的记录必须是本小组所有成员;②总记录不少于10条。

(3)解锁密码表:一个字段"解锁密码"。

三、硬件要求

首先要有耳机,要有 WAV 格式声音文件,要把声音文件(WAV 格式)和图片、照片存储到自己的项目文件夹下,文件名不能超过 10 个汉字。

四、其他要求

系统名称可以更具有时代特色,有创意,界面符合手机特点,易于操作,如图 5-1-1 所示。

五、项目完成人数

该课题最多由 4 人完成。

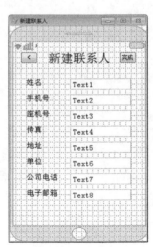

图 5-1-1

六、设计思路与编程技巧提示

该项目难度一般,可参考实验项目九完成,但窗口大小样式、背景图片和按钮等必须符合手机的特征,窗口应固定为不可调整大小,取消最大化和关闭按钮,背景图片应是一张真实手机照片,大小与窗口一致。

照片文件名和声音文件名要短,可使用汉字使文件名一目了然,并且要保存在项目文件夹下。

数据表中的照片和铃声字段类型是字符型的,其记录的添加方法是:输入图片文件名或铃声文件名时要加上文件的路径,本项目文件夹下的文件名路径为".\图片或铃声文件主名.扩展名",如".\背景.JPG"。其中".\"表示当前目录——当前文件夹,"背景"是文件主名,"JPG"是文件扩展名。如果图片文件名或铃声文件名在当前文件夹下的某个文件夹下,那么文件路径为".\子文件夹名\图片或铃声文件主名.扩展名",如".\铃声名\天路.WAV",".\铃声\"表示当前文件夹下的子文件夹"铃声"文件夹。

应该有一个解锁界面,解锁的方法可以是单击某个按钮或图片,也可以是单击多个按钮或图片。解锁程序可将用户单击按钮或图片的顺序保存在共有变量中,用计时器判断共有变量的数据是否为解锁顺序即可。

(1)窗口初始化参考代码。假如解锁密码第一条正确的解锁顺序是 14753,且已经保存在解锁表中,解锁窗口的数据环境为解锁密码表。解锁窗口初始化声明一个共有变量:

PUBLIC js　　&& 声明公有变量 js

Js＝＝""　　&& 公有变量 js 初值为字符型空值

(2)解锁代码参考。假如解锁窗口有 9 个按钮(为了美观可以用图片)为解锁键,一个计时器 Timer1,计时器响应间隔时间为 100 毫秒,那么,用户单击第一个解锁按钮的程序代码可以是:

Js＝Js+1

用户单击第二个解锁按钮的程序代码可以是:

Js＝Js+2

用户单击其他解锁按钮的程序代码依次类推。

如何判断用户解锁正确并打开主窗口的程序交给计时器 Timer1 完成,计时器 Timer1 的 Timer 事件代码如下:

GOTO 1　　&& 警告指针指向第一条记录

IF　LEN(Js)＞9　　&& 单击解锁按钮超过 9 次,因为只有 9 个按钮或图片

MESSAGEBOX("解锁超次数",48,"解锁失败")　　&& 警告

ENDIF

IF Js＝＝解锁密码　　&& 如果公有变量 Js 的值与字段变量"解锁密码"的值完全相同

MESSAGEBOX("欢迎主人!",48,"解锁成功")　　&& 警告

DO　FORM 主窗口

READ　events

RELEASE thisform　　&& 关闭解锁窗口

ENDIF

(3)添加、修改、删除通讯录和解锁密码的编程方法与实验项目九类似,在此不赘述。

项目二　职工信息管理系统设计

一、主要功能要求

(1)能录入、修改和删除职工信息。

(2)能浏览职工信息。

(3)都能查询(至少有三种查询方式,如按姓名、按性别、按职称等查询)。

(4)能显示和添加照片。

(5)能按系统以菜单方式工作。

(6)对管理员表的修改、添加和删除,要求不可以删除第一条记录,即姓名为"SYSTEM"、密码为"ADMIN"的管理员永远不可删除。

二、数据库要求

数据库名学生自己设计命名,但数据库表要求如下(字段类型和宽度学生设计,可以扩展更改):

(1)管理员表字段包括姓名、密码。管理员表第一条记录为超级管理员,姓名为"SYS-TEM",密码为"ADMIN",其他记录必须是本小组所有成员。

(2)职工信息字段包括职工号、姓名、性别、年龄、学历、职称、是否党员、基本工资、工龄工资、绩效工资、住址、电话、照片(字符型,宽度50)等。

记录要求:记录必须是本小组所有成员,总记录不少于10条。

三、其他要求

系统名称可以更具有时代特色,有创意,界面友好,易于操作(界面不能和实验中指导书例子一样,应有自己的设计特色)。

四、项目完成人数

该课题最多由2人完成。

五、设计思路与编程技巧提示

该项目难度一般,可参考实验项目九完成,窗口界面应与职工信息管理有关。

编程方法过程与实验项目九类似,只是增加了对管理员表的修改和删除,同时要求不可以删除第一条记录,即姓名为"SYSTEM"、密码为"ADMIN"的管理员永远不可删除。

项目三 中英文翻译词典

一、主要功能要求

(1)能实现中英单词翻译。

(2)能实现英中单词翻译。

(3)翻译时有单词、音标(拼音)、例句、图形和声音可以出现或播放(可选项)。

(4)可以添加新单词。

(5)可以修改词库。

(6)可以删除词库。

(7)对管理员表的修改、添加和删除,要求不可以删除第一条记录,即姓名为"SYSTEM"、密码为"ADMIN"的管理员永远不可删除。

二、数据库要求

数据库名学生自己设计命名,但数据库表要求如下(字段类型和宽度学生设计,可以扩展更改):

(1)管理员表字段包括姓名、密码。管理员表第一条记录为超级管理员,姓名为"SYSTEM",密码为"ADMIN",其他记录必须是本小组所有成员。

(2)英汉词典表字段包括英文、音标、词义、词性、英文读音、英文例句、中文、中文含义、中文读音、图片(字符型,宽度50)。

记录按要求:不少于100条。

三、硬件要求

首先要有耳机,要有 WAV 格式声音文件,要把声音文件(WAV 格式)和图片、照片存储到自己的项目文件夹下,文件名不能超过10个汉字。

四、其他要求

系统名称可以更具有时代特色,有创意,界面友好,易于操作,两个主要窗口如图5-3-1所示。

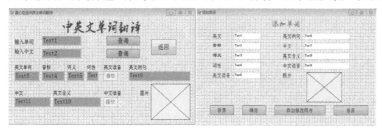

图 5-3-1

五、项目完成人数

该课题最多由 4 人完成。

六、设计思路与编程技巧提示

该项目难度一般,可参考实验项目九完成,界面要与语言翻译有关,需要增加对管理员表的修改、添加和删除,但编程思路和实验项目九一样。难度在于添加声音和图片,以及根据翻译准确地播放声音和显示图片。例如对英文单词的查询可以使用以下代码完成,中文单词的翻译代码与此代码相似。

```
yw＝TRIM(thisform.text1.text)
&& 将输入的英文单词取消左右空格后赋值给变量 yw.
IF LEN(yw)＝0      && 如果输入的英文单词长度为 0——即没有输入英文单词
    MESSAGEBOX("您还没有输入要查询的单词,单击"确定"",16,"没有输入要查询的单词")
&& 警告
ELSE
    LOCATE FOR 英文＝"&yw"   && 从数据库查询英文单词
IF   EOF()＝.T.     && 如果指针到了数据表尾部——即没找到
    MESSAGEBOX("没有查到这个英文单词,单击"确定"返回",16,"没有这个单词")
ELSE    && 否则找到了英文单词
  thisform.command4.Enabled ＝ .T.     && 英文播放按钮有效
  thisform.command5.Enabled ＝ .T.     && 中文播放按钮有效
ENDIF
hisform.Refresh
&& 刷新表单,显示照片。注意 Oleboundcontrol1 控件必须捆绑数据表中的图片字段
ENDIF
```

项目四　游戏——健康秤

一、主要功能要求

(1)要有动画文字。

(2)游戏开始就直接进入玩家界面,玩家能输入姓名,能选择男女性别,能输入身高和体重。

(3)游戏能将玩家信息添加到玩家信息表中。

(4)能根据男女不同身高和体重显示其健康程度并友好提示,通过语音进行讲解。

(5)身体健康分级不少于5级,应有不同级别的图片显示。

(6)客户健康信息可查询。

(7)管理员登录按钮应隐含在某个特殊位置,双击后可进入,进入后可添加、修改和删除管理员表和玩家信息表。

(8)对管理员表的修改、添加和删除,要求不可以删除第一条记录,即姓名为"SYSTEM"、密码为"ADMIN"的管理员永远不可删除。

二、数据库要求

数据库名由学生自己设计命名,但数据库表要求如下(字段类型和宽度由学生设计,可以扩展更改):

玩家信息表中字段姓名、性别、身高、体重、图片。

提示信息表中字段包括级别类型、图片、提示文字、提示语音。

三、硬件要求

首先要有耳机,要有 WAV 格式声音文件,要把声音文件(WAV 格式)和图片、照片存储到自己的项目文件夹下,文件名不能超过 10 个汉字。

四、其他要求

系统名称可以更具有时代特色,有创意,界面友好,功能可扩展。

五、项目完成人数

该课题最多由 4 人完成。

六、设计思路与编程技巧提示

(1)健康秤检测原理。从网上查询体重与身高的关系资料,例如:体重指数(BMI)=体重(kg)÷身高(m)的平方,然后设计一个称体重和身高的游戏程序。

身高体重与健康数据参考提示如表 5-4-1 所示。

表 5 - 4 - 1

WHO 标准	亚洲标准	中国标准	相关疾病发病危险性	
偏瘦	\<18.5			低(但其他疾病危险性增加)
正常	18.5—24.9	18.5—22.9	18.5—23.9	平均水平
超重	≥25	≥23	≥24	
偏胖	25.0~29.9	23~24.9	24~27.9	增加
肥胖	30.0~34.9	25~29.9	≥28	中度增加
重度肥胖	35.0~39.9	≥30	——	严重增加
极重度肥胖	≥40.0			非常严重增加

如果按以上理论,最理想的健康体重指数是 22。

(2)窗口界面设计。可参考图 5 - 4 - 1 所示。

注意:此窗口中间隐藏了一个图片控件 Oleboundcontrol1 和顶部下隐藏了一个较大的标签 Label7。图片控件用于在查看健康状况时显示相应的身材的图像,标签 Label7 用于在查看健康状况时显示相应健康诊断结果。

图 5 - 4 - 1

(3)关键程序代码提示。该项目难度一般,可参考实验项目五中的"面向对象与面向过程相结合编程"和实验项目九完成。不过本项目健康标准算法和实验五不一样,采用数据库技术,健康状况级别分类增多,编程难度也增大,基本思路是初始化打开数据库,用户输入个人信息后,再单击"健康状况",此时应分析用户输入是否合理,合理则计算标准体重,然后按健康状况级别,显示用户健康提示语等信息。关键算法代码是"健康状况"命令按钮代码。现将"健康状况"命令按钮的单击事件 Click 的部分展示代码如下:

```
IF LEN(ALLTRIM(thisform.text1.value))=0 .or. ;
        len(ALLTRIM(thisform.text2.value))=0
&& 如果没有输入姓名或性别
    MESSAGEBOX("你还没有输入姓名和性别呢!!!",0,"输入出错提示")
ENDIF
IF LEN(ALLTRIM(thisform.text3.value))=0 .or. ;
    len(ALLTRIM(thisform.text4.value))=0
```

&& 如果没有输入身高或体重

　　MESSAGEBOX("你还没有输入身高和体重呢!!!",0,"输入出错提示")

　ELSE

xm＝ALLTRIM(thisform.text1.value)

xb＝ALLTRIM(thisform.text2.value)

tz＝val(thisform.text3.value)

sg＝val(thisform.text4.value)

BMI＝tz/((sg/100)∗(sg/100)) && 计算用户的 BMI 数值

IF BMI＜18.5 　　&& 如果用户的 BMI 数值小于标准的 18.5

GOTO 1&& 数据库指针指向第一条记录

thisform.label7.Visible＝ .T. 　　&& 提示语标签 label7 显示

thisform.label7.Caption＝提示文字

thisform.Oleboundcontrol1.Visible＝ .T. && 显示身高胖瘦的图片

thisform.label1.Visible＝ .F. 　　&& 以下语句此时隐藏其他控件。

thisform.label2.Visible＝ .F.

thisform.label3.Visible＝ .F.

thisform.label4.Visible＝ .F.

thisform.label5.Visible＝ .F.

thisform.label6.Visible＝ .F.

thisform.text1.Visible＝ .F.

thisform.text2.Visible＝ .F.

thisform.text3.Visible＝ .F.

thisform.text4.Visible＝ .F.

thisform.Optiongroup1.Visible＝ .F.

ENDIF

IF BMI＞＝18.5 OR BMI＜24.9 　　&& 如果用户的 BMI 数值小于标准的 18.5

　　GOTO 2 　　&& 数据库指针指向第二条记录

·····························&& 这些语句和上面的 GOTO 1 后的一样

ENDIF

用相似的代码把所有健康状况级别分类列举完就可以完成关键代码的编辑。为了方便用户查询,可以将用户信息添加到用户数据表中。"再测一次"命令按钮功能是重新隐藏提示语和健康状况图片,显示输入框和相应标签。

项目五　客房管理系统

一、主要功能要求

(1)能添加、修改管理员表、客房表和客户表信息。

(2)能浏览每个表信息。

(3)能查询和排序数据信息(至少三种查询方式,例如按姓名、按性别、按时间等查询)。

(4)能删除每个表的信息记录。

(5)能按系统以菜单方式工作。

(6)对管理员表的修改、添加和删除,要求不可以删除第一条记录,即姓名为"SYSTEM"、密码为"ADMIN"的管理员永远不可删除。

二、数据库要求

数据库名由学生自己设计命名,但数据库表要求如下(字段类型和宽度学生设计,可以扩展更改):

(1)管理员表字段包括编码、姓名、密码。

记录要求:管理员表第一条记录为超级管理员,姓名为"SYSTEM",密码为"ADMIN",其他管理员为本小组成员。

(2)客房表字段包括编码、客房名、客房类型。

记录要求:由设计者自行设计。

(3)客户表字段包括客房类别、客房标价、VIP 优惠价、一般优惠价、当前的状态、负责人、客户姓名、客户性别、客户年龄、客户入住时间、客户退房时间、客户订房、客户换房等。

记录要求:前面的记录必须是本小组所有成员,总记录不少于 10 条。

三、其他要求

系统名称可以更具有时代特色,有创意,界面符合酒店特色,可参考图 2 - 3 - 4(标签应该设置为透明的)所示。

四、项目完成人数

该课题最多由 4 人完成。

五、设计思路与编程技巧提示

本设计项目难度一般,可参考实验项目九完成,编程方法过程与实验项目九类似,只是增加了对管理员表的修改和删除,要求不可以删除第一条记录,即姓名为"SYSTEM"、密码为"ADMIN"的管理员永远不可删除。

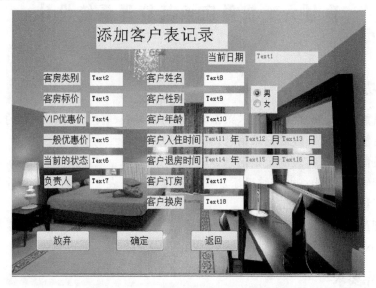

图 5 - 5 - 1

项目六　快餐店点菜管理系统设计

一、主要功能要求

(1)管理员能添加、修改管理员表、菜谱表、包间餐桌表、客户点菜结果表的记录。

(2)管理员能浏览所有表的记录信息。

(3)管理员能删除所有表的记录信息。

(4)客户能够点菜，能将点菜结果添加到客户点菜结果表中，并且能自动计算小计和总价。

(5)能按系统以菜单方式工作。

(6)对管理员表的修改、添加和删除，要求不可以删除第一条记录，即姓名为"SYSTEM"、密码为"ADMIN"的管理员永远不可删除。

二、数据库要求

数据库名由学生自己设计命名，但数据库表要求如下(字段类型和宽度学生设计，可以扩展更改)。

(1)管理员表字段包括姓名、密码。

记录要求：系统管理员表用于登录系统管理子系统时验证身份。一条记录是超级管理员，姓名为"SYSTEM"，密码为"ADMIN"，其他管理员为本小组成员。

(2)客户点菜结果表字段包括编号、姓名、性别、消费日期、菜名、单价、数量、小计、总计金额。

记录要求：记录信息总记录不少于 10 条。

(3)包间餐桌表字段包括编号、包间名、餐桌名。

记录要求：总记录不少于 5 条。

(4)菜系不少于 4 个，如图 5－6－1 所示。

图 5－6－1

(5)不同菜系的菜谱菜品表字段包括编号、菜名、价格、VIP 价格、小份价格、大份价格、数量、选中否、照片等。

菜谱菜品表中的字段可以不同。

记录要求：由学生自行设计，总记录不少于 5 条。

三、其他要求

系统名称可以更具有时代特色，有创意，界面友好，可参考图 5-6-2 所示，易于操作。

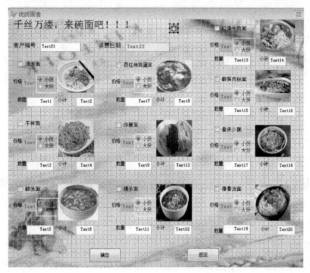

图 5-6-2

四、项目完成人数

该课题最多由 4 人完成。

五、设计思路与编程技巧提示

该设计项目难度大，可参考实验项目九完成。窗口大小风格要基本一样。可以先完成一个菜系的设计，其他菜系的表单可通过"另存为"的方法得到，然后再局部修改。

在一个菜系内又分许多品种，先完成一个菜品的代码设计，其他菜品可仿照该菜品代码编写。

下面简介几个关键编程问题。

(1)表单中价格文本框直接捆绑菜品表中的价格字段，但每一种菜品价格不一样，所以表单打开时应给不同的菜品价格文本框赋不同的值。方法如下(举两个例子，其他类似)。

Form1 的 Activate 事件其代码如下：

GOTO 1　　&& 数据指针指向第一条记录

Yzmjg1＝优质面食.小份价格

&& 将优质面食的小份价格赋值给变量 Yzmjg1，实际上是油泼面的小份价格

thisform.text23.Value＝Yzmjg1

&& 将优质面食的小份价格变量 Yzmjg1 的值给文本框 TEXT23,其实就是在 TEXT23 里显示质面食的小份价格

GOTO 2　&& 数据指针指向第二条记录

Yzmjg2＝优质面食.小份价格

&& 将优质面食的小份价格赋值给变量 Yzmjg2,实际上是西红柿鸡蛋面的小份价格

thisform.text24.Value＝优质面食.小份价格

&& 将优质面食的小份价格变量 Yzmjg2 的值给文本框 TEXT24,其实就是在 TEXT24 里显示质面食的小份价格

························

（2）顾客选择了大小不同的面食价格后怎么操作呢? 可以通过对选择按钮 Option1 和 Option2 的单击事件给价格文本框赋相应的单价字段。例如,如果顾客选择小份优质油泼面,那么 Option1 的单击事件代码如下：

thisform.text23.Value＝小份价格

如果顾客选择大份优质油泼面,那么 Option2 的单击事件代码如下：

thisform.text23.Value＝大份价格

（3）计算每种菜品的消费额。每种菜品的消费额的计算可以由计时器自动完成计算。计时器 Timer1 的 Timer 事件代码如下（只列举两个菜品的消费额,其他菜品消费额计算类似）：

thisform.text2.Value ＝(thisform.text23.Value)＊(thisform.text1.Value)

&& 这三个文本框的 VAlue 初值为 0.0

thisform.text4.Value ＝(thisform.text24.Value)＊(thisform.text3.Value)

&& 这三个文本框的 VAlue 初值为 0.0

（4）现在以"优质面"菜系下的"油泼面"为例,展示"确定"按钮部分关键代码如下：

IF LEN(thisform.text21.Value)＜3　&& 如果没有输入 3 位数的顾客编号

MESSAGEBOX("客户编号不合规范",4,"客户编号错误")　&& 警告

ELSE

IF thisform.check1.Value＝1　&& 如果选择了油泼面

replace FOR 菜名＝"油泼面" 选中否 with .T.

&& 顾客点菜表中的"油泼面" 添加记录为选中

khbh＝ALLTRIM(thisform.text21.value)　&& 以下对数据进行转换后赋值给变量

cm＝thisform.check1.caption

dj＝thisform.text23.value

sl＝thisform.text1.value

rq＝DATE()

xj＝thisform.text2.value

INSERT INTO 客户点餐结果表(客户编号,菜单,单价,数量,消费日期,总计);

VALUES (khbh,cm,dj,sl,rq,xj)

&& 上一句将顾客点的油泼面信息添加到客户点餐结果表中

ELSE

　　replace FOR 菜名＝"油泼面"选中否 with .f.

ENDIF

计算顾客点菜金额的代码由计时器 Timer1 的 Timer 事件完成,例如计算"油泼面"的消费额的代码为:

thisform.text2.Value ＝(thisform.text23.Value)＊(thisform.text1.Value)

其他菜品的消费额计算代码与此相似。

(5)增加了对管理员表的修改和删除,要求不可以删除第一条记录,即姓名为"SYS-TEM"、密码为"ADMIN"的管理员永远不可删除,编程方法与实验项目九一样。

项目七 ATM自动取款机系统

一、主要功能要求

(1)用户输入密码出现三次错误,则不允许再输入。

(2)登录用户如果是超级管理员,并且超级管理员用户名和密码正确,则进入超级管理员管理界面,超级管理员可以查看所有用户的信息,并且可以修改、删除、添加用户信息。

(3)客户刷卡(即登录)后,只能取款、存款、转账。

(4)要有语音提示。

(5)对管理员表的修改、添加和删除,要求不可以删除第一条记录,即姓名为"SYSTEM"、密码为"ADMIN"的管理员永远不可删除。

二、数据库要求

数据库名由学生自己设计命名,但数据库表要求如下(字段类型和宽度学生设计,可以扩展更改)。

(1)管理员表字段包括姓名、密码。

记录要求:系统管理员表用于登录系统管理子系统时验证身份。一条记录是超级管理员,姓名为"SYSTEM",密码为"ADMIN",其他管理员为本小组成员。

(2)客户表字段应有姓名、性别、密码、身份证号、银行卡号、存款总额。

记录要求:客户表记录信息总记录不少于10条,其他记录的姓名必须有本课程设计小组所有成员。

(3)账单表字段包括姓名、性别、银行卡号、对方账号、对方姓名、日期、时间、消费类型、消费金额、余额。

注:消费类型分为存款、取款、转账。

三、硬件要求

首先要有耳机,要有WAV格式声音文件,要把声音文件(WAV格式)和图片、照片存储到自己的项目文件夹下,文件名不能超过10个汉字。

四、其他要求

系统名称可以更具有时代特色,有创意,界面符合ATM机要求,参考图2-3-7所示,操作前有语音提示,易于操作(模仿ATM机)。

五、项目完成人数

该课题最多由4人完成。

六、设计思路与编程技巧提示

这个设计项目难度较大,可参考实验项目九完成,但工作量比较大。原因是银行 ATM 机的不同操作界面变化不一样,同时为了降低编程难度(同样一个软件,窗口越少编程难度越大),所以这个设计项目应该有多个操作表单,如图 5-7-1 的左边 23 个表单。

图 5-7-1

表单太多带来的问题是数据传递准确性,这就需要定义多个共有变量,依靠这些共有变量完成不同表单之间数据的传递。

表单界面必须符合不同银行的特点,大小风格要一致。快捷的方法是先建立一个表单,设计好窗口大小、银行标志、背景图片和边框特色,编写好初始化程序,保存表单在当前项目文件夹下,再连续多次将当前表单另存为其他名称的表单,然后将另存的所有表单都添加到本项目中来,接着再细化每个表单界面,最后分别编写程序。

管理员的操作按钮可用几个透明(起到隐藏效果)标签代替,位置放在主窗口不容易察觉的地方,例如靠边靠角的位置。简单的管理员登录的程序是只要单击或双击了透明的标签,就打开管理员登录窗口。为了保密,复杂的管理员登录程序通常通过计时器来完成,因此除了需要几个透明标签(位置不在一个地方),还至少要添加一个计时器,只有连续单击了几个透明标签后才可以打开管理员登录界面。

1. 界面设计提示

在"用户登录"表单四个角上添置 4 个透明的标签,标签设置成方形,标签的大小一样,标签的"Caption"值为空。"用户登录"表单初始化的时候声明一个共有变量。另外还添加两个计时器,计时器"Timer1"的响应间隔时间 Interval 为 5000 毫秒(5 秒),该计时器用于计算判断用户是否按顺序双击了 4 个透明的标签,如果顺序正确就打开管理员登录界面,否则不做响应。计时器"Timer2"的响应间隔时间为 6000 毫秒(6 秒),该计时器用于对共有变量重新赋空值。

2. 关键程序代码

表单初始化过程事件"Activate"中至少有下面语句：

PUBLIC GLYDL   && 声明公有变量 GLYDL（意为管理员登录）

GLYDL＝＝""   && 公有变量 GLYDL 初值为字符型空值

第一个透明标签的双击事件 Dblclick 代码为：

GLYD＝GLYD＋"1"

第二个透明标签的双击事件 Dblclick 代码为：

GLYD＝GLYD＋"2"

第三个透明标签的双击事件 Dblclick 代码为：

GLYD＝GLYD＋"3"

第四个透明标签的双击事件 Dblclick 代码为：

GLYD＝GLYD＋"4"

计时器"Timer1"的 Timer 事件代码为：

IFGLYDL＝＝"1234"   THEN

&& 假如规定开管理员登录界面秘密是双击透明标签且顺序是 1、2、3、4

DO FORM 管理员登录   && 由于"Timer1"的 Interval 为 5000,故每 5 秒判断一次

ENDIF

计时器"Timer2"的 Timer 事件代码为：

GLYDL＝＝""   && 公有变量 GLYDL 每过 6 秒就被赋予空值

3. 其他程序代码

客户在 ATM 插入银行卡的动作,采用登录 ATM 表单,需输入银行卡和密码,通过客户表中的客户记录来验证是否合法。客户在 ATM 机上进行存款或取款或转账业务将对客户表中的"存款总额"进行加减,对账单表进行添加消费记录的操作。编程代码设计请参照实验项目九。

注意:管理员数据表中的超级管理员不可以删除和更改。

项目八　简易超市 POS 销售管理系统

本系统是给有 10 个 POS 机的某超市开发一个简易的超市 POS 管理系统。

一、功能要求

(1)登录分为管理员登录和一般员工登录。

(2)销售界面应有超市名称欢迎词、日期时间、销售 POS 机号、销售员编码、商品条形码(13 位)、商品名称、数量、价格、优惠价、总优惠额,总计价、付款额、找零。

(3)只有管理员才可以增加、修改、删除商品信息和员工信息。

(4)一般员工能实现对自己销售的商品在销售表中进行添加、浏览和修改删除所有信息。

(5)管理员可以对任何人的记录进行浏览,能实现添加商品、浏览商品和修改删除商品信息。

(6)对管理员表的修改、添加和删除,要求不可以删除第一条记录,即姓名为"SYSTEM"、密码为"ADMIN"的管理员永远不可删除。

(7)扩展功能。此功能为可选项,要求销售员在销售界面确定后立即显示小票(即本次销售详单)。

提示:在文本框内添加已销售商品小票,每行尾部用 chr(13)+chr(10)命令回车换行。

二、数据库要求

数据库名由学生自己设计命名,但数据库表要求如下(字段类型和宽度学生设计,可以扩展更改)。

(1)系统管理员表字段包括姓名、密码。

记录要求:系统管理员表用于登录系统管理子系统时验证身份。姓名为"SYSTEM",密码为"ADMIN"。

(2)销售员表字段包括员工编码、姓名、性别、年龄、照片。

记录要求:前几名为本小组成员,记录不少于 10 条。

(3)商品表字段包括日期时间、品条形码(13 位)、商品名称、产地、厂商、价格、优惠价、商品采购数量、商品总销售量、商品库存量、供应商名、仓库名等。

记录要求:不少于 10 条商品信息。

(4)商品销售表字段包括日期时间、销售 POS 机号、销售员名、商品条形码(13 位)、商品名称、数量、价格、优惠价、总优惠额,应付款额、实付金额,找零)。

记录要求:最终记录不少于 10 条商品信息

(5)POS 机表字段应包括 POS 机编号、POS 机号名。

三、其他要求

系统名称可以更具有时代特色,有创意,界面符合 POS 样子。

四、项目完成人数

该课题最多 4 人完成。

五、设计思路与编程技巧提示

该设计项目难度大，可参考实验项目九完成。窗口大小风格要基本一样。可以先完成一个表单的设计，其他表单可通过"另存为"的方法得到，然后再局部修改。

下面简介几个关键代码编程问题。

1. 表单的设计

至少需要建立以下几个表单，但关键是商品销售录入表单的设计（见图 5-8-1）。

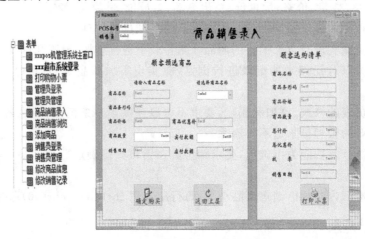

图 5-8-1

2. 商品销售录入表单的设计

这个表单的设计是重点也是难点，其功能是能录入顾客选购的商品，自动计算数量和应付款等数据，并且限制销售员更改价格、优惠价、找零和应付款额等数据。

商品销售录入表单的界面可参考图 5-8-1，数据环境应加入"POS 机表""销售员表""商品表"和"商品销售表"。

组合框 Combo1 的数据源为"商品表"中的"商品名"；组合框 Combo2 的数据源为"POS 机表"中的"POS 机编号"；组合框 Combo3 的数据源为"销售员表"中的"姓名"。

"顾客预选商品"栏里文本框的数据除了 Text4 和 Text7 为手工输入外，Text1 至 Text5 文本框的数据源都来自"商品表"对应的字段，Text8 的数值是自动计算出来的。Text1 至 Text5 和 Text8 文本框 Enabec＝.F（不响应用户事件）或 ReadonL＝.T.（不许更改数据表）。

"顾客选购清单"栏下文本框数据源设定为"商品销售表"里相应的字段，该区域所有的文本框 Enabec＝.F（不响应用户事件）或 ReadonL＝.T.（不许更改数据表）。

3. "选定商品"命令按钮关键代码提示

"选定商品"命令按钮的作用是分析判断销售员操作是否合规，如果操作正确就计算应付款额，只要代码如下：

```
IF LEN(thisform.combo2.Value)＝0 then
MESSAGEBOX("你还没有选择 POS 机号!",0,"操作错误")
&& 如果没有选择 POS 机号
RETURN     && 返回重新选择
ENDIF


IF LEN(ALLTRIM(thisform.text1.Value))＝0 THEN
MESSAGEBOX("你还没有输入或选择商品!",0,"输入出错提示")
RETURN     && 返回重新输入或选择商品
ENDIF


IF thisform.text4.Value＝0   && 如果没有输入商品数量
MESSAGEBOX("你还没有输入商品数量!",0,"输入出错提示")
RETURN     && 返回重新输入商品数量
ENDIF


IF (thisform.text7.Value)＝0.0     && 如果没有输入实付金额
MESSAGEBOX("你还没有付款!",0,"输入错误")
RETURN     && 返回重新输入实付金额
ENDIF


IF thisform.text7.Value＜thisform.text8.Value THEN    && 如果实付款额小于应付
款额
messagebox("你还付款不足!",0,"付款不足")    && 警告
RETURN   && 返回重新付款或输入
ELSE   && 否则
thisform.text8.Value＝ALLTRIM(thisform.text7.Value) * ALLTRIM ;
(thisform.text4.Value)   && 计算应付金额
ENDIF
```

"确定订单"命令按钮的作用是分析判断销售员操作是否合规,如果操作正确就计算应付款额,只要代码如下:

```
thisform.text9.Value＝thisform.text1.Value   && 将顾客选购的商品名付给文本框 9
thisform.text10.Value＝(thisform.text2.Value)
&& 将顾客选购的商品条形码付给文本框 10
thisform.text11.Value＝thisform.text3.Value
&& 将顾客选购的商品价格付给文本框 11
thisform.text12.Value＝ALLTRIM(thisform.text4.Value)
&& 将顾客选购的商品数量付给文本框 12
thisform.text13.Value＝thisform.text8.Value
```

&& 将计算顾客购买商品的总价并付给文本框 13

thisform.text14.Value＝(thisform.text4.Value)＊(thisform.text6.Value)

&& 计算顾客购买商品的总优惠价并付给文本框 14

thisform.text15.Value＝(thisform.text7.Value)－(thisform.text8.Value)

&& 计算应给顾客购找零额并付给文本框 15

xsrq＝DATE()　　&& 获取当前日期

xspos＝(thisform.combo2.Value)　　&& 获取 POS 机名给变量 xspos

xsym＝(thisform.combo3.Value)　　&& 获取销售员姓名给变量 xsym

sptxm＝thisform.text10.Value　　&& 将顾客选购商品的条形码付给变量 sptxm

spmc＝(thisform.text9.Value)　　&& 将顾客选购的商品名给变量 spmc

sl＝(thisform.text12.Value)　　&& 将顾客选购商品的数量给变量 sl

spjg＝thisform.text11.Value　　&& 将顾客选购商品的价格给变量 spjg

spyhj＝thisform.text6.Value　　&& 将顾客选购商品的优惠价格给变量 spyhj

zjj＝thisform.text13.Value　　&& 将顾客选购商品的总计价给变量 zjj

zyhj＝(thisform.text14.Value)　　&& 获取购买商品总优惠价给变量 zyhj

yfje＝thisform.text14.Value8　　&& 获取购买商品应付金额给变量 yfje

sfke＝ALLTRIM(thisform.text7.Value)　　&& 获取顾客实付款额给变量 sfke

zl＝thisform.text15.Value　　&& 将应付给顾客零钱数值给变量 zl

&& 下一句给商品销售表添加顾客采购记录

INSERT INTO 商品销售表(日期时间,销售 POS 机号,销售员名,商品条形码,商品名称,;
数量,价格,优惠价,总优惠额,应付款额,实付金额,找零)

values(xsrq,xspos,xsym,sptxm,spmc,sl,spjg,spyhj,zyhj,yfje,sfke,zl)

skip－1

　　需要说明的是,以上程序实际上可以录入多种商品的销售数据,但每次只显示一种商品的销售,如何显示一个顾客一次购买多种商品的记录,这需要改进修改本表单和程序代码,此任务留给完成本项目的人员完成。

　　本项目还应该有对商品表、管理员表、销售员表、POS 机表和商品销售表的浏览、添加、删除和修改,可仿照实验项目九可完成。

项目九　学生信息管理系统设计

一、主要功能要求

(1)能添加、修改管理员表和学生信息表记录。

(2)能浏览每个表信息。

(3)能查询和排序学生信息(至少三种查询方式,如按姓名、按性别、专业、班级等等查询)。

(4)能删除每个表记录。

(5)能按系统以菜单方式工作。

(6)对管理员表的修改、添加和删除,要求不可以删除第一条记录,即姓名为"SYSTEM"、密码为"ADMIN"的管理员永远不可删除。

二、数据库要求

数据库名由学生自己设计命名,但数据库表要求如下(字段类型和宽度学生设计,可以扩展更改):

(1)管理员表字段包括姓名、密码。

记录要求:系统管理员表用于登录系统管理子系统时验证身份。一条记录是超级管理员,姓名为"SYSTEM",密码为"ADMIN",其他管理员为本小组成员。

(2)学生信息表字段包括学号、姓名、性别、专业、班级、出生年月、党员否、班干部否、家庭住址、电话、QQ、E-mail、照片(字符型,宽度50)。

记录要求:记录必须是本小组所有成员,总记录不少于10条。

三、其他要求

系统名称可以更具有时代特色,有创意,界面友好,易于操作(界面不能和实验中指导书例子一样,应有自己设计特色)。

四、项目完成人数

该课题最多由2人完成。

五、设计思路与编程技巧提示

该设计项目难小,完全可参考实验项目九完成,但界面要与学生信息管理有关,且窗口大小风格要基本一样。

要增加对管理员表的修改和删除,要求不可以删除第一条记录,即姓名为"SYSTEM"、密码为"ADMIN"的管理员永远不可删除,编程方法与实验项目九相似。

项目十 图书管理系统

一、主要功能要求

模仿学校图书馆管理系统设计一个简易的图书馆管理系统,其主要功能如下:

(1)能添加、修改每个表的记录。

(2)能浏览每个表记录。

(3)能对借书记录表 进行查询(至少两种查询方式,如按姓名、按书名、学号等查询)。

(4)能删除借书信息记录。

(5)办理借书手续。

(6)办理还书手续。

(7)对管理员表的修改、添加和删除,要求不可以删除第一条记录,即姓名为"SYSTEM"、密码为"ADMIN"的管理员永远不可删除。

二、数据库要求

数据库名学生由自己设计命名,但数据库表要求如下(字段类型和宽度学生设计,可以扩展更改):

数据库名学生自己建立,数据库表应有:

(1)管理员表字段包括姓名、密码。

记录要求:系统管理员表用于登录系统管理子系统时验证身份。一条记录是超级管理员,姓名为"SYSTEM",密码为"ADMIN",其他管理员为本小组成员。

(2)读者信息表字段包括学号、姓名、班级、性别。

记录要求:记录不少于 10 条,记录中必须有本小组全体成员。

(3)图书信息数据表字段包括编号、书名、作者名、ISBN 号、出版单位、版次、出版时间、价格、图片、存在状态、采购单位、采购人、记录人。

记录要求:总记录不少于 10 条。

(4)借书记录表的字段类型、宽度由学生自己设计,字段包括学号、姓名、班级、借书时间、书名、书籍编号、图片、价格、还书时间、书籍损毁情况、扣款额。

记录要求:记录必须是本小组所有成员,总记录不少于 10 条。

三、其他要求

系统名称可以更具有时代特色,有创意,界面友好,书籍要有图片,易于操作(界面不能和实验中指导书例子一样,应有自己设计特色)。

四、项目完成人数

该课题最多由 4 人完成。

五、设计思路与编程技巧提示

该设计项目难度小,完全可参考实验项目九完成,但界面要与图书管理有关,且窗口大小风格要基本一样。

要增加对管理员表的修改和删除,要求不可以删除第一条记录,即姓名为"SYSTEM"、密码为"ADMIN"的管理员永远不可删除,编程方法与实验项目九一样。

项目十一　手机个性桌面主题

一、主要功能要求

(1)模拟手机解锁登录。

(2)实现对手机主窗口的主题的修改。即可以更改手机的主题,实现手机背景图的更换、App 图标的改变、App 名称文字字体、字号的修改。

(3)系统界面漂亮美观,有时代特色,有创意,界面友好,易于操作。

二、数据库要求

数据库名由学生自己设计命名,但数据库表要求如下(字段类型和宽度由学生设计,可以扩展更改)。

(1)主题桌面表字段包括桌面背景、字号、字体、更换主题、日历、应用商店、电话、联系人、短信、浏览器、相册、文件管理、相机、音乐、QQ、微信等。

三、数据记录要求

(1)按钮都用图片,图片由自己设计,风格突出一致。

(2)必须有一套默认的主题,个性主题至少三套。

四、项目完成人数

该项目最多由 4 人完成。

五、设计思路与编程技巧提示

1. 界面设计提示

该设计项目的窗口界面形状大小一定要和真实手机一样,窗口风格不可调整,取消窗口的最大化、最小化和关闭按钮,如图 5 - 11 - 1 所示。

2. App 图标设计

在本课程设计项目目录下建立几个不同名称个性桌面文件夹,将制作好的风格一致的 App 图标保存在这些相应的文件夹下,图标文件名与个性桌面名一致,一目了然,便于直观了解和操作。

3. 程序设计思路提示

主程序要定义公有变量,即主题名,主程序及每个窗口运行时先打开主题表得到设选定的主题名,然后打开 App 程序表用命令修改每个窗口的背景和所有按钮图标和文字。

在主桌面要有一个"个性主题"按钮(用图片代替),用户一旦单击了这个"个性主题"按钮,就打开用户选择个性主题的窗口,选择主题就是修改主题名表中的主题名。由于个性主题表记录着不同主题的字号、字体和 App 图标,因此只需要按照用户选择的个性主题表中的主题更换 App 的图标和字体、字号就实现了更换主题目的。

4. 手机解锁程序提示

可参考手机通讯录管理的手机解锁程序。

5. 默认主题表单程序代码

默认主题表的数据源是"主题桌面"表。

```
thisform.left=(_screen.width－thisform.width)/2
thisform.top=100
GOTO 1
thisform.image1.picture=主题桌面.背景图
&& 更换手机桌面背景图
thisform.fontname=主题桌面.字体      && 更换手机桌面字体
thisform.fontname.fontsize=主题桌面.字号
&& 更换手机桌面字号
thisform.label3.fontname=allt(thisform.text1.value)      && 修改字体
```

图 5-11-1

&& 以上修改默认主题表单的背景图、字体字号,下面分别修改每个 App 的图标和名称的字体字号,由于 App 很多,但程序相同,下面仅以"日历"App 为例说明,其他 App 图标、字体字号更换程序不再赘述

```
thisform.image2.picture=主题桌面.日历      && 修改日历 App 图标 image2
thisform.label2.fontname=主题桌面.字体      && 修改日历 App 名称 label2 的字体名
thisform.label2.fontsize=主题桌面.字号      && 修改日历 App 名称 label2 的字号
thisform.label3.fontsize=主题桌面.字号      && 修改字号


&&默认主题表单最后一句程序代码作用是刷新表单
thisform.refresh
```

6. 更换手机个性主题表单程序提示

在默认的手机主题界面上有一个更换个性主题的图标(本例名称为"更换主题"),如果单击这个图标,那么程序可以是:

```
do form 更换主题      && 打开 更换主题表单
read events
releasethisform      && 关闭默认主题表单
```

在更换主题界面的表单中设置几个主题预览图片和相应的"应用"按钮,用户一旦单击了"应用"按钮,那么就按照选定的个性主题修改"主题桌面"表中的记录。假如用户选择了"炫酷主题"风格主题,并单击了"应用"按钮,那么程序可以是:

```
use 主题桌面      && 打开主题桌面数据表
loca for 主题类型="炫酷主题"   && 记录定位在"炫酷主题"记录上
```

```
replace 主题桌面.背景图 with "炫酷主题\背景.jpg"
&& 修改炫酷主题桌面背景图
replace 主题桌面.手机管家按钮图 with "炫酷主题\手机管家.jpg"
&& 修改炫酷主题桌面手机管家 App 图标
replace 主题桌面.电话图标 with "炫酷主题\电话.jpg"
replace 主题桌面.日历按钮图 with "炫酷主题\日历.jpg"
replace 主题桌面.视频播放器按钮图 with "炫酷主题\播放器.jpg"
replace 主题桌面.相册按钮图 with "炫酷主题\相册.jpg"
replace 主题桌面.天气按钮图 with "炫酷主题\天气.jpg"
replace 主题桌面.设置按钮图 with "炫酷主题\设置.jpg"
&&(由于有很多 App 程序,更换程序代码如上所示,不一一列举)
replace 主题桌面.字体 with  "华文行楷"
&& 本例数据表"炫酷主题"中的字体是"华文行楷"
replace 主题桌面.字号 with 14   && 改变字号,本例数据表"炫酷主题"中的字号是"14"
do  form 默认桌面   && 返回默认桌面,但此时桌面主题已经更换为炫酷主题
releasethisform   && 关闭更换主题表单
```

项目十二 家庭经济管理系统

一、主要功能要求(可扩展)

(1)实现对家庭成员的管理:添加、修改、删除。

(2)实现对家庭收入的管理:添加、修改、删除。

(3)实现对家庭支出的管理:添加、修改、删除。

(4)能显示家庭收支总汇表。

(5)对管理员表的修改、添加和删除,要求不可以删除第一条记录,即姓名为"SYSTEM"、密码为"ADMIN"的管理员永远不可删除。

二、数据库要求

数据库名由学生自己设计命名,但数据库表要求如下(字段类型和宽度学生设计,可以扩展更改):

(1)家庭成员表字段包括姓名、性别、出生年月、籍贯、手机电话、照片(字符型,宽度50)。

(2)收入表字段包括姓名、日期、收入人名、收入来源、金额。

(3)支出表字段包括姓名、日期、支出原因、支付人、应付金额、实付金额、欠款、超支金额

三、其他要求

系统名称可以更具有时代特色,有创意,界面友好,(界面不能和综合实验五完全一样,应有自己设计特色)。

四、项目完成人数

该项目最多由2人完成。

五、设计思路与编程技巧提示。

该设计项目难度小,完全可参考实验项目九完成,但界面要与家庭经济管理有关,且窗口大小风格要基本一样。

项目十三 学生籍贯管理系统

一、主要功能要求(可扩展)

(1)能添加、修改和删除学生籍贯表中的记录。

(2)能够按多种方式查询、记录学生信息(如按姓名、性别、籍贯、班级等查询)。

(3)能显示和添加学生照片。

(4)对管理员表的修改、添加和删除,要求不可以删除第一条记录,即姓名为"SYSTEM"、密码为"ADMIN"的管理员永远不可删除。

二、数据库要求(可扩展)

数据库名由学生自行设计命名,但数据库表要求如下(字段类型和宽度由学生设计,可以扩展更改):

(1)管理员表字段包括姓名、密码。

记录要求:管理员表第一条记录为超级管理员,姓名为"SYSTEM",密码为"ADMIN",其他管理员为本课程设计小组成员。

(2)学生籍贯表字段包括学号、姓名、专业、班级、身份证号、籍贯、邮编、父母联系电话、家庭年收入、照片(字符型,宽度50)。

记录要求:前边的记录必须是本小组所有成员,表总记录不少于10条。

三、其他要求

界面友好,易于操作(界面不能和实验中指导书例子一样,应有自己设计特色)。

四、项目完成人数

该课题最多由2人完成。

五、设计思路与编程技巧提示

该设计项目难度小,完全可参考实验项目九完成,但界面要与学生学籍管理有关,且窗口大小风格要基本一样。

要增加对管理员表的修改和删除,要求不可以删除第一条记录,即姓名为"SYSTEM"、密码为"ADMIN"的管理员永远不可删除,编程方法与实验项目九相似。

项目十四　指纹算命游戏

一、主要功能要求

(1)要有动画文字。

(2)游戏一开始就直接进入玩家界面,玩家能游戏能选择男女性别。

(3)能够按男女不同的指纹显示命相解释文字,并能语音讲解。

(4)能显示手指图片。

(5)管理员登录按钮应隐含在某个特殊位置,双击后可进入,进入后可添加、修改和删除管理员表和指纹算命表。

对管理员表的修改、添加和删除,要求不可以删除第一条记录,即姓名为"SYSTEM"、密码为"ADMIN"的管理员永远不可删除。

二、数据库要求

数据库名由学生自行设计命名,但数据库表要求如下(字段类型和宽度学生设计,可以扩展更改):

(1)管理员表字段包括姓名、密码。

记录要求:管理员第一条记录姓名为"SYSTEM",密码为"ADMIN",其他管理员必须是本小组所有成员。

(2)指纹算命表字段包括大拇指指纹、食指指纹、中指指纹、无名指指纹、小拇指指纹、女手指图、男手指图、女命相文字(字符型,宽度 254)、男命相文字(字符型,宽度 254)、女命相语音(字符型,宽度 10)、男命相语音(字符型,宽度 10)。

记录要求:根据不同的算命要求而定,可参考图 5-14-1 所示的中部分记录。

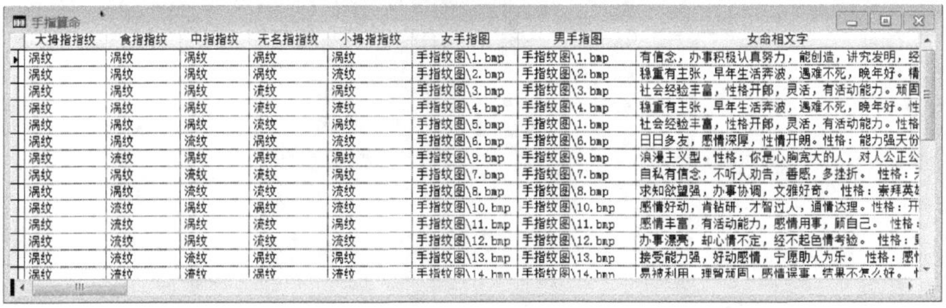
手指算命

大拇指指纹	食指指纹	中指指纹	无名指指纹	小拇指指纹	女手指图	男手指图	女命相文字
涡纹	涡纹	涡纹	涡纹	涡纹	手指纹图\1.bmp	手指纹图\1.bmp	有信念，办事积极认真努力，能创造，讲究发明，经
涡纹	涡纹	涡纹	涡纹	流纹	手指纹图\2.bmp	手指纹图\2.bmp	稳重有主张，早年生活奔波，遇难不死，晚年好。情
涡纹	涡纹	涡纹	流纹	涡纹	手指纹图\3.bmp	手指纹图\3.bmp	社会经验丰富，性格开郎，灵活，有活动能力。顽固
涡纹	涡纹	涡纹	流纹	流纹	手指纹图\4.bmp	手指纹图\4.bmp	稳重有主张，早年生活奔波，遇难不死，晚年好。性
涡纹	涡纹	涡纹	流纹	涡纹	手指纹图\5.bmp	手指纹图\1.bmp	社会经验丰富，性格开郎，灵活，有活动能力。性格
涡纹	涡纹	流纹	涡纹	流纹	手指纹图\6.bmp	手指纹图\6.bmp	日日多友，感情深厚，性情开朗。性格：能力强天份
涡纹	流纹	涡纹	涡纹	涡纹	手指纹图\9.bmp	手指纹图\9.bmp	浪漫主义型。性格：你是心胸宽大的人，对人公正公
涡纹	涡纹	流纹	流纹	涡纹	手指纹图\7.bmp	手指纹图\7.bmp	自私有信念，不听人劝告，善感，多挫折。 性格：
涡纹	涡纹	流纹	流纹	流纹	手指纹图\8.bmp	手指纹图\8.bmp	求知欲望强，办事协调，文雅好奇。 性格：崇拜英
涡纹	流纹	涡纹	涡纹	流纹	手指纹图\10.bmp	手指纹图\10.bmp	感情好动，肯钻研，才智过人，通情达理。性格：开
涡纹	流纹	涡纹	流纹	涡纹	手指纹图\11.bmp	手指纹图\11.bmp	感情丰富，有活动能力，感情用事，顾自己。 性格：
涡纹	流纹	涡纹	流纹	流纹	手指纹图\12.bmp	手指纹图\12.bmp	办事漂亮，却心情不定，经不起色情考验。 性格：
涡纹	流纹	流纹	涡纹	涡纹	手指纹图\13.bmp	手指纹图\13.bmp	接受能力强，好动感情，宁愿助人为乐。 性格：
涡纹	流纹	流纹	涡纹	流纹	手指纹图\14.bmp	手指纹图\14.bmp	易被利用，理智顽固，感情误事，结果不怎么好。

图 5-14-1

"女手指图"和"男手指图"字段记录手指图,文件名要短。

命相语音字段记录语音解说声音文件名,声音文件名要短,例如"女 1. WAV""男 1. WAV"。

三、硬件要求

首先要有耳机,要有 WAV 格式声音文件,要把声音文件(WAV 格式)和图片、照片存储到自己的项目文件夹下,文件名不能超过 10 个汉字。

四、其他要求

系统名称可以更具有时代特色,有创意,界面友好,易于操作,功能可扩展。

五、项目完成人数

该项目最多由 4 人完成。

六、设计思路与编程技巧提示

1. 手指指纹算命原理

手指指纹算命的原理资料可参见网页"http://www.ecl.com.cn/xm/default.asp?t=1&id=3945013&engine=1"。该设计项目貌似难度较大,但实际难度一般,可参考实验项目九和前面的课程设计方案完成。

2. 手指图片的制作

如果要逼真需要制作 32 个手指图片,每个图片对应不同的涡纹和流纹。如果想减小制作手纹的工作量,可以制作两个大手掌,一个是女性右手,一个是男性左手,再制作 1 个涡纹指尖,1 个流纹指尖。然后在用户选择不同性别时更换大手掌,选择不同指纹时更换相应的手指指尖图即可。

3. 算命游戏界面

算命游戏界面可参考图 5-14-2 所示。

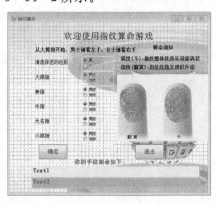

图 5-14-2

说明:窗口风格是固定不可变的,要取消最小化和最大化按钮。所有标签都是透明的,数据环境为"指纹算命"表,标签 label12 的 visible=.F.,先隐藏起来。文本框 Text1 用于显示男性命相文字,数据源为"手指算命.男命相文字",不允许用户修改数据表文字,因此 Text1 的ReadOnly=.T.,在文算命前先隐藏,故文本框 Text1 的 visible=.F.。文本框 Text2 用于显示女性命相文字,数据源为"手指算命.女命相文字",不允许用户修改数据表文字,因此 Text2

的 ReadOnly＝.T.,在文算命前先隐藏,故文本框 Text2 的 visible＝.F.。

4. 关键代码提示

用户选择性别和指纹后,单击"确定"按钮后的程序可参考以下代码:

```
if thisform.Optiongroup1.value＝1 THEN
&& 如果性别选择按钮 Optiongroup1 选择男性
xingbie＝"男"    && 给变量 xingbie 赋值"男"
Else
xingbie＝"女"
Endif
if thisform.Optiongroup2.value＝1 THEN
   && 如果选择大拇指选择按钮 Optiongroup2 选择"涡纹"
damuzhizhiwen＝"涡纹" && 给变量 damuzhizhiwen 赋值"涡纹"
Else
damuzhizhiwen＝"流纹"
Endif
If thisform.Optiongroup3.value＝1 then
shizhizhiwen＝"涡纹"
Else
shizhizhiwen＝"流纹"
Endif
If thisform.Optiongroup4.value＝1 then
zhongzhizhiwen＝"涡纹"
else
zhongzhizhiwen＝"流纹"
endif
If thisform.Optiongroup5.value＝1 then
wumingzhizhiwen＝"涡纹"
else
wumingzhizhiwen＝"流纹"
endif
if thisform.Optiongroup6.value＝1 then
xiaomuzhizhiwen＝"涡纹"
else
xiaomuzhizhiwen＝"流纹"
endif
goto 1   && 先把指针移到第一条上
loca for 大拇指指纹＝damuzhizhiwen .and. 食指指纹＝shizhizhiwen .and.;
   中指指纹＝zhongzhizhiwen .and. ;无名指指纹＝wumingzhizhiwen .and. 小拇指指纹;
＝xiaomuzhizhiwen
   && 查询五个手指的指纹记录
```

```
thisform.height＝600    && 放大窗口高度,为显示命相文字做准备
thisform.label12.height＝20    && 标签 label12 的标题是"你的手纹相命如下
thisform.label12.top＝460
thisform.label12.width＝200
thisform.label12.left＝260
thisform.label12.visible＝.T. && 显示
thisform.text1.height＝90    && 文本框 text1 显示男性别命相,调整位置和大小
thisform.text1.top＝500
thisform.text1.left＝50
thisform.text1.width＝600
thisform.text2.height＝90    && 文本框 text2 显示女性命相文字,调整位置和大小
thisform.text2.top＝500
thisform.text2.left＝50
thisform.text2.width＝600
If   xingbie＝"男" THEN        && 如果是男性
thisform.text1.visible＝.T.    && 文本框 text1 显示
thisform.text1.value＝男命相文字    && 显示男性命相文字
thisform.text2.visible＝.f.    && 隐藏女性命相文字
thisform.label12.caption＝"这个帅哥的命相如下:"    && 修改命相提示标题
thisform.label12.forecolor＝rgb(0,0,255)   && 修改男性提示语字色为蓝色
thisform.image1.picture＝男手指图   && 显示当前男手指纹图
SET  BELL  ON    && 允许播音
SET  BELL  TO 指纹算命.男命相语音,0  && 加载播音文件
?? chr(7)    && 必须有此命令才能正确播音
SET  BELL  to    && 播音开始
ELSE   && 否则就是选择了女性
thisform.text2.visible＝.T.    && 文本框 text2 显示
thisform.text2.value＝女命相文字   && 显示女性命相文字
thisform.text1.visible＝.f.    && 隐藏男性命相文字
thisform.image1.picture＝女手指图   && 显示当前女手指纹图
thisform.label12.caption＝"这个美女的命相如下:"    && 修改命相提示标题
thisform.label12.forecolor＝rgb(255,0,0)    && 修改女性提示语字色为红色
SET  BELL  ON    && 允许播音
SET  BELL  TO 指纹算命.女命相语音,0    && 加载播音文件
?? chr(7)    && 必须有此命令才能正确播音
SET  BELL  to    && 播音开始
ENDIF
```

5. 其他功能的代码编程

管理员登录的程序可参考课程设计"ATM 自动取款机系统"完成,对数据表"指纹算命"的修改程序设计者可参考实验项目九完成。

项目十五 学生选修课程系统设计

一、主要功能要求

(1)能对每个表录入和修改记录。

(2)能浏览每个表信息。

(3)学生能选修课程,但最多只能选择5门选修课。

(4)能删除和修改选课信息记录。

(5)能查询选课结果信息(至少三种查询方式:姓名、课程、班级等)。

(6)能按系统以菜单方式工作。

(7)对管理员表的修改、添加和删除,要求不可以删除第一条记录,即姓名为"SYSTEM"、密码为"ADMIN"的管理员永远不可删除。

二、数据库要求

数据库名由学生自行设计命名,但数据库表要求如下(字段类型和宽度由学生设计,可以扩展更改):

(1)管理员表字段包括姓名、密码。

记录要求:管理员表第一条记录为超级管理员,姓名为"SYSTEM",密码为"ADMIN",其他管理员为本课程设计小组成员。

(2)学生表字段包括学号、姓名、性别、班级。

记录要求:前边的记录必须是本小组所有成员,表总记录不少于10条。

(3)课程表字段包括课程编号、课程名称、课程性质(基础/专业)、总学时、授课学时、实验或上机学时、学分、开课学期等信息。

记录要求:该表总记录不少于5条。

(4)教师表字段包括工号、姓名、性别、课程、授课学时、学分、开课学期等。

记录要求:该表总记录不少于5条。

(5)学生选课结果表中字段包括编号、学号、姓名、性别、班级、课程编号、课程名称、课程性质(基础/专业)、总学时、授课学时、教师名。

记录要求:总记录不少于10条。

三、其他要求

系统名称可以更具有时代特色,有创意,界面友好,易于操作,窗口界面应有自己设计特色。

四、项目完成人数

该课题最多由4人完成。

五、设计思路与编程技巧提示

1. 窗口界面设计提示

该设计项目难度一般,可参考实验项目九完成,但界面要与学生学习管理有关,且窗口大小风格要基本一样。

为了完成相应功能,数据表比较多,表单数量比较多,表单可能在 12 个以上。

难度较大的表单设计是选修课程表单的设计,图 5 - 15 - 1 是一个简单选修课表单设计,仅供参考。

所有标签都是透明的,所有文本框捆绑对应的数据表字段,且不可更改,即 Readonly=.T. 。

组合框 Combo1 捆绑学生表中的学号字段,组合框 Combo2 捆绑课程表中的课程名字段。

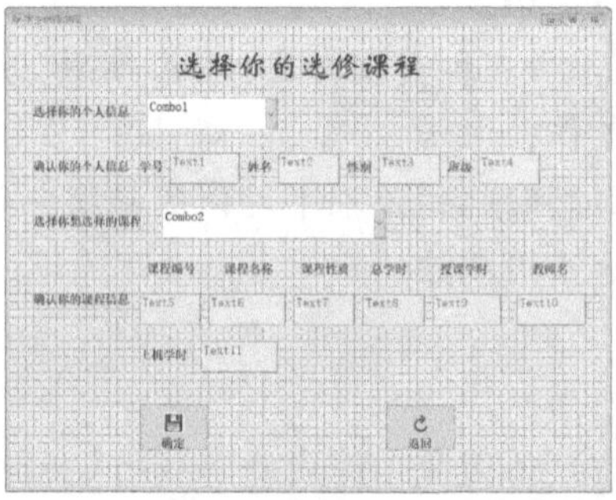

图 5 - 15 - 1

2. 关键代码提示

组合框 Combo1 负责用户选择学号,并将指针指向选定的学生记录,文本框 Text1 至 Text4 立即显示被选中后的记录数据,其单击事件代码如下:

```
LOCA FOR 学生信息表.学号=THISFORM.COMBO1.VALUE    && 查找该记录
THISFORM.TEXT1.Value=学生信息表.学号    && 显示
THISFORM.TEXT2.Value=学生信息表.姓名
THISFORM.TEXT3.Value=学生信息表.性别
THISFORM.TEXT4.Value=学生信息表.班级
THISFORM.REFRESH    && 刷新表单,数据库显示新的记录
```

组合框 Combo2 负责用户选择课程名,并将指针指向选定的课程信息记录,文本框 Text5 至 Text11 立即显示被选中后的记录数据,其单击事件代码如下:

```
LOCATE FOR 选修课程信息.课程名称=THISFORM.COMBO2.VALUE
THISFORM.TEXT5.Value=选修课程信息.课程编号
THISFORM.TEXT6.Value=选修课程信息.课程名称
THISFORM.TEXT7.Value=选修课程信息.课程性质
THISFORM.TEXT8.Value=选修课程信息.总学时
THISFORM.TEXT9.Value=选修课程信息.授课学时
THISFORM.TEXT10.Value=选修课程信息.教师名
THISFORM.TEXT11.Value=选修课程信息.上机学时
```

THISFORM.REFRESH && 刷新表单,数据库显示新的记录

"确定"命令按钮的功能是将用户选课结果添加到学生选课结果表中,代码可参考如下:

```
TJM＝MESSAGEBOX("您确定要添加选课记录吗?",4,"请您选择!")
IF TJM＝6
BH＝学生选课结果表.编号  ＋1
XH＝VAL(ALLT(THISFORM.TEXT1.VALUE))
XM＝ALLT(THISFORM.TEXT2.VALUE)
XB＝ALLT(THISFORM.TEXT3.VALUE)
BJ＝ALLT(THISFORM.TEXT4.VALUE)
KCBH＝ALLT(THISFORM.TEXT5.VALUE)
KCMC＝ALLT(THISFORM.TEXT6.VALUE)
KCXZ＝ALLTRIM(THISFORM.TEXT7.VALUE)
ZXS＝THISFORM.TEXT8.VALUE
SKXS＝THISFORM.TEXT9.VALUE
JSM＝ALLTRIM(THISFORM.TEXT10.VALUE)
SJXS＝THISFORM.TEXT11.VALUE
INSERT INTO 学生选课结果表(编号,学号,姓名,性别,班级,课程编号,课程名称,;
课程性质(基础或专业),总学时,授课学时,教师名,上机学时);
VALUES(BH,XH,XM,XB,BJ,KCBH,KCMC,KCXZ,ZXS,SKXS,JSM,SJXS)
   MESSAGEBOX("您的选修课程选择成功～!",0,"选择成功提示")
ENDIF
```

项目十六　校园导游咨询

一、功能要求

(1)要有文字动画。

(2)设计自己的学校的校园平面图,所含景点不少于 10 个。

(3)背景图可以是校园或某景点示意图或照片图,要标注出路径、道路名、道路长度。

(4)单击景点图时,可显示该景点的名称、图片、简介等信息、自动播放解说词。

(5)管理员登录应隐藏在某个特殊地方,双击后才能登录管理界面,管理员正确登录后,可以浏览、修改管理员表和景点表。

(6)对管理员表的修改、添加和删除,要求不可以删除第一条记录,即姓名为"SYSTEM"、密码为"ADMIN"的管理员永远不可删除。

二、数据库要求

数据库名学生自己设计命名,但数据库表要求如下(字段类型和宽度学生设计,可以扩展更改):

(1)管理员表字段包括姓名、密码。

记录要求:管理员表第一条记录为超级管理员,姓名为"SYSTEM",密码为"ADMIN",其他管理员为本课程设计小组成员。

(2)景点表、字段类型、宽度由学生自己设计,字段至少应包括景点编号、景点名、景点简介、景点图片、解说词(语音,字符型字段,宽度50)。

三、硬件要求

首先要有耳机,要有 WAV 格式声音文件,要把声音文件(WAV 格式)和图片、照片存储到自己的项目文件夹下,文件名不能超过 10 个汉字。

四、其他要求

此题的设计者要会制作路线图片,可参考图 5-16-1 所示。系统名称可以更具有时代特色,有创意,界面友好,易于操作,功能可扩展。

五、项目完成人数

该项目最多由 4 人完成。

六、设计思路与编程技巧提示

1. 窗口界面设计提示

该设计项目难度较大,可参考实验项目九和前面讲过的课程设计完成,窗口可以用一个,为了方便设计也可以用多个窗口,但窗口大小风格要基本一样。

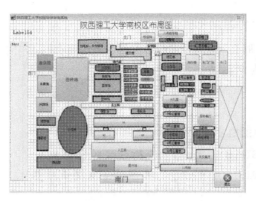

图 5-16-1

要绘制一个景点全貌图，拍摄一些景点照片。主窗口要大一些，便于只显示景点，景点全貌图为窗口背景，要完整地显示在主窗口中。

主窗口的每个景点上可以添加一些标签，标签是透明的，大小与具体的景点大小一样。

另外，添加一个编辑框和一个图片控件，都设置为隐藏，且编辑框只读不可编辑。如果用户单击某个景点（实际上单击的是景点上的透明标签），那么将显示图片控件，并将图片控件放大移动到屏幕中间显示数据表中的景点图片；景点介绍的编辑框显示景点介绍文字，播放介绍音乐。如果用户单击了图片，那么就隐藏图片框和介绍景点的编辑框，停止播放音乐。

当然也可以用多个窗口进行景点介绍和播放音乐。

2. 景点介绍关键程序代码提示

要对地图上所有的景点或标记物分别编写单击事件代码，我们以田径场景点为例，其标签单击事件代码设计如下：

```
LOCA FOR 景点名＝田径场    && 指针指向景点表田径场记录
THISFORM.LABEL54.CAPTION＝景点名
THISFORM.IMAGE1.TOP＝150    && 图片框的位置,具体位置学生根据实际调整
THISFORM.IMAGE1.LEFT＝200
THISFORM.IMAGE1.WIDTH＝300   && 图片框的大小,学生根据实际调整
THISFORM.IMAGE1.HEIGHT＝300
THISFORM.IMAGE1.STRETCH＝1    && 图片等比例显示
THISFORM.IMAGE1.PICTURE＝景点图片
THISFORM.IMAGE1.VISIBLE＝.T.    && 显示图片
THISFORM.LABEL154.CAPTION＝景点介绍
THISFORM.EDIT1.VALUE＝景点介绍   && 编辑框内容
THISFORM.EDIT1.VISIBLE＝.T.    && 显示编辑框

SET BELL ON          && 允许播放
SET BELL TO 解说语音   && 播放用户选择的景点介绍音乐,仅支持 wav 和 mid 格式文件
??    CHR(7)
SET    BELL TO
```

3. 关闭景点语音介绍的程序代码提示

如果用户单击了图片,那么就隐藏图片框和介绍景点的编辑框,停止播放音乐。参考代码如下:

```
SET BELL OFF    && 关闭播放
??    CHR(7)
SET    BELL    TO
THISFORM.IMAGE1.VISIBLE= .F.    && 隐藏图片
THISFORM.EDIT1.VISIBLE= .F.     && 隐藏编辑框
THISFORM.LABEL54.VISIBLE= .F.    && 隐藏景点提示标签
```

4. 对景点的修改

编程方法与实验项目九相似。

实训十七 学生宿舍管理系统

一、主要功能要求

(1)登录系统必须有密码验证。

(2)能添加、修改、删除每个表的记录。

(3)能浏览每个表信息。

(4)可根据宿舍编号、学生姓名、班级、院系等能方式查询相关信息。

(5)对管理员表的修改、添加和删除,要求不可以删除第一条记录,即姓名为"SYSTEM"、密码为"ADMIN"的管理员永远不可删除。

二、数据库要求

数据库名自行设计命名,但数据库表要求如下(字段类型和宽度学生设计,可以扩展更改):

(1)管理员表字段包括姓名、密码。

记录要求:管理员表第一条记录为超级管理员,姓名为"SYSTEM"、密码为"ADMIN",其他管理员为本课程设计小组成员。

(2)学生表字段包括编号、学号、姓名、性别、院系、专业、班级、出生年月、党员否、班干部否、家庭住址、电话、QQ、E-mail、照片(字符型,宽度50)。

记录要求:前边的记录必须是本小组所有成员,表总记录不少于10条。

(3)学生宿舍表字段包括学号、宿舍编号、姓名、性别电话、班主任、表彰记录、违纪记录。

记录要求:前边的记录必须是本小组所有成员,表总记录不少于10条。

(4)宿舍表字段包括楼号、宿舍编号、床位数。

记录要求:宿舍表总记录不少于10条。

三、其他要求

系统名称可以更具有时代特色,有创意,界面友好,易于操作(界面不能和实验中指导书例子一样,应有自己设计特色)。

四、项目完成人数

该项目最多由4人完成。

五、设计思路与编程技巧提示

该设计项目难度小,可参考实验项目九完成,但界面要与学生宿舍管理有关,且窗口大小风格要基本一样。

要有对管理员表的修改、添加和删除,要求不可以删除第一条记录,即姓名为"SYSTEM"、密码为"ADMIN"的管理员永远不可删除,编程方法与实验项目九相似。

项目十八　小区物业管理系统

一、主要功能要求

（1）登录系统必须有密码验证。

（2）管理员可以添加、修改、删除住户信息和房屋信息、停车场表、收费表、密码表信息。

（3）一般用户登录只能查看本人户主信息。

（4）对管理员表的修改、添加和删除，要求不可以删除第一条记录，即姓名为"SYSTEM"、密码为"ADMIN"的管理员永远不可删除。

二、数据库要求

数据库名由学生自行设计命名，但数据库表要求如下（字段类型和宽度由学生设计，可以扩展更改）：

（1）管理员表字段包括姓名、密码。

记录要求：管理员第一条记录姓名为"SYSTEM"、密码为"ADMIN"，其他记录必须是本小组所有成员。

（2）"住户表"数据表字段包括（字段类型、宽度由自己设计）住户编号、房屋编号、户主姓名、性别、年龄、工作单位、宅电、手机号、停车牌号码。

记录要求：前边的记录必须是本小组所有成员，表总记录不少于 10 条。

（3）"房屋表"表字段包括房屋编号、建筑面积、楼型、每月物业费、是否入住、入住日期。

记录要求：自行设计。

（4）"停车场表"表字段房屋编号、车位编号、车位租金、是否租出。

数据记录要求：自行设计，记录不少于 5 条。

（5）"收费表"表字段包括房屋编号、月份、物业费（月）、车位费（月）、应缴费、缴费日期。

记录要求：记录不少于 10 条。

三、其他要求

系统名称可以更具有时代特色，有创意，界面友好，易于操作。

四、项目完成人数

该课题最多由 4 人完成。

五、设计思路与编程技巧提示

该设计项目难度不大，窗口界面要与物业管理有关，且窗口大小风格要基本一样。但是由于数据表多达 5 个，对这 5 个数据表都要有浏览、添加、删除和修改的操作，所以工作量很大，但可参考实验项目九完成。

项目十九　手纹算命游戏

手纹算命也称掌纹资料,请在网上查阅相关资料。

一、主要功能要求

(1)游戏能选择男女性别。

(2)能够按男女不同的手纹显示命相。

(3)能显示手纹图片。

(4)要有语音提示。

(5)管理员登录按钮应隐含在某个特殊位置,双击后可进入,进入后可添加、修改和删除管理员表和手纹算命表。

(6)对管理员表的修改、添加和删除,要求不可以删除第一条记录,即姓名为"SYSTEM"、密码为"ADMIN"的管理员永远不可删除。

二、数据库要求

数据库名由学生自己设计命名,数据库表要求如下(字段类型和宽度由学生设计,可以扩展更改):

表可以有管理员表和手纹算命表,管理员表字段包括姓名和密码。

记录要求:管理员第一条记录姓名为"SYSTEM",密码为"ADMIN",其他管理员必须是本小组所有成员。

手纹算命表中字段大致有手纹名、女手纹图、男手纹图、女命相文字、男命相文字、女命相语音、男命相语音等。

记录要求:根据不同的算命要求而定。

三、硬件要求

首先要有耳机,要有 WAV 格式声音文件,要把声音文件(WAV 格式)和图片、照片存储到自己的项目文件夹下,文件名不能超过 10 个汉字。

四、其他要求

系统名称可以更具有时代特色,有创意,界面友好,易于操作,功能可扩展。

五、项目完成人数

该项目最多由 4 人完成。

六、设计思路与编程技巧提示

该设计项目难度较大,但课程设计项目"指纹算命"的完成,只是将指纹算命变成了手纹(掌纹)算命而已。

项目二十　×××课程上机考试系统

一、主要功能要求

本考试系统只考某一门课。登录入口应有三个：学生、教师和管理员。

(1)管理员能添加、修改和删除管理员表和教师表中的记录。

(2)管理员和教师能添加、修改和删除学生信息。

(3)教师能添加、修改和删除三种试题的信息。

(4)学生能上机考试，登录后能选择试题类型考试，系统能判断正误，并且能把考试结果自动添加到考试结果表，能够自动计算出考试总分。

(5)管理员能浏览每个表的信息。

(6)管理员能按姓名查询考试结果记录。

(7)对管理员表的修改、添加和删除，要求不可以删除第一条记录，即姓名为“SYSTEM”、密码为“ADMIN”的管理员永远不可删除。

二、数据库要求

数据库名由学生自行设计命名，但数据库表要求如下(字段类型和宽度由学生设计，可以扩展更改)：

(1)管理员表(也是教师表)字段包括工号、姓名、密码、性别。

记录要求：教师表第一条记录工号为“00000001”，姓名为“ADMIN”，密码为“ADMIN”，其他教师学生自拟，记录不少于 3 条。

(2)考生名单表字段包括学号、姓名、密码、性别、班级。

记录要求：学生表前边的记录必须是本小组所有成员，表总记录不少于 10 条。

(3)选择题表字段包括试题编号、试题内容 A、B、C、D、正确选项、正确答案、分数、考试时间。

记录要求：试题 10 条，每小题分值 10 分。如图 5-20-1 所示。

选择题

试题编号	试题内容	A	B	C	D	正确选项	正确答案	分数
第1题	严禁低I	作业	作业或监控	短时间作业或	监控	B	B	10
第2题	停电作业	1500 mm	1000 mm	800 mm	700 mm	D	D	10
第3题	停电作业	1个	2个	3个	1个	B	B	10
第4题	检修	5km/h	20km/h	25km/h	10km/h	D	D	10
第5题	在遇有接	10m	20m	5m	2m	A	A	10
第6题	安全带的	3	6	24	12	D	D	10
第7题	按照接触	3个	4个	6个	12个	A	A	10
第8题	停电	500 mm	1000 mm	2500 mm	1500 mm	B	B	10
第9题	接地线库	3月	9月	6月	12月	C	C	10
第10题	在列车	50 m	500 m	800 m	550 m	C	C	10
第11题	停电作业	4条	5条	2条	3条	C	C	10
第12题	接触网带	100mm	150mm	250mm	350mm	D	D	10
第13题	干部职工	1小时	5小时	10小时	24小时	C	C	10
第14题	严禁用(	金属丝	铁丝	铜丝	以上全不对	A	A	10

图 5-20-1

(4)判断题表字段包括试题编号、试题内容、正确选项、正确答案、分数。

记录要求：试题 10 条，每小题分值 10 分。如图 5-20-2 所示。

判断题				
试题编号 ▾	试题内容 ▾	正确选项 ▾	正确答案 ▾	分数 ▾
第1题	1张工作票只	正确	正确	10
第2题	工作领导人可	错误	错误	10
第3题	工作中更作	错误	错误	10
第4题	倒闸作业无调	正确	正确	10
第5题	高空作业时三	错误	错误	10
第6题	高空作业踩扶	错误	错误	10
第7题	分工时有一人	错误	错误	10
第8题	接撤地线由一	错误	错误	10
第9题	宣读工作票必	正确	正确	10
第10题	作业防护、监	正确	正确	10

图 5-20-2

(5)考试结果表字段包括学号、姓名、性别、班级、判断题成绩、选择题成绩、总分、参加考试时间。

三、硬件要求

首先要有耳机,要有 WAV 格式声音文件,要把声音文件(WAV 格式)和图片、照片存储到自己的项目文件夹下,文件名不能超过 10 个汉字。

四、项目完成人数

该项目最多由 4 人完成。

五、设计思路与编程技巧提示

该设计项目难度大,但可参考实验项目六和实验项目九完成。

1. 系统登录表单的设计

系统登录窗口的功能是验证学生和管理员及教师身份,并将合法用户的编号、姓名、性别等信息赋值给相应的公有变量,以便于其他表单的使用。登录窗口的数据环境中有考生名单表和管理员表,登录窗口可参考图 5-20-3。

图 5-20-3

登录表单初始化代码可以如下：

```
OPEN DATABASE 试题库
THISFORM.LEFT＝(_SCREEN.WIDTH－THISFORM.WIDTH)/2
THISFORM.TOP＝100
THISFORM.TEXT1.VALUE＝""
THISFORM.TEXT2.VALUE＝""
PUBLIC XH ,XM,XB,BJ ,GH
```

&& 上句共有变量 XM 记录学号,XM 记录姓名,XB 记录性别,BJ 记录班级,GH 记录管理员和教师的工号

```
XH＝"    "&& 赋给几个空格
XM＝"    "&& 赋给几个空格
XB＝"    "&& 赋给几个空格
BJ＝"    "&& 赋给几个空格
GH＝"    "&& 赋给几个空格
```

系统登录窗口的身份验证成功后,一定要把相应的数据赋值给相应的公有变量,即如学生登录命令按钮代码参考如下语句：

```
XM＝ALLT(THISFORM.TEXT1.VALUE)
```

&& 将文本框 TEXT1 的的值去掉左右空格后赋值给变量 XM

```
MM＝ALLT(THISFORM.TEXT2.VALUE)
```

&& 将文本框 TEXT2 的的值去掉左右空格后赋值给变量 MM

```
IF LEN(XM)＝0    && 如果姓名 XM 的长度为 0——即没输入姓名
MESSAGEBOX ("您还没有输入姓名呢!!!",0,"登录错误提示!")
ELSE&& 如果输入了姓名,下一句查询姓名和密码
LOCA FOR ALLT(考生名单.姓名)＝＝XM AND ALLT(考生名单.密码)＝＝MM
IF NOT EOF()    && 如果查询记录指针没到文件尾,即查找到了
RELEASE THISFORM    && 那么关闭本表单窗口
USE    && 关闭表
MESSAGEBOX ( XM＋":相信自己,祝你考试成绩优秀!",0,"登录成功!")
XH＝考生名单.学号    && 把登录学生的学号赋值给公有变量 XH
XM＝考生名单.姓名    && 把登录学生的姓名赋值给公有变量 XM
XB＝考生名单.性别    && 把登录学生的性别赋值给公有变量 XB
BJ＝考生名单.班级    && 把登录学生的班级名赋值给公有变量 BJ
DO FORM 考试窗口    && 打开考试窗口表单
ELSE  && 否则指针移到了记录尾部,说明没查找到
MESSAGEBOX ("姓名或密码错误,你无权登录考试系统!!!",0,"登录错误提示!")
ENDIF
ENDIF
```

2. 考试窗口的设计

最关键的是考试表单的设计,考试窗口设计难度大,要考虑的问题比较多,代码设计要严

禁。例如,可将选择题考试表单界面设计如图5-20-4所示。

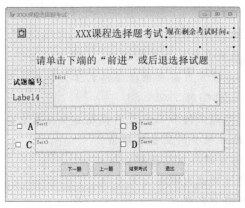

图5-20-4

选择题考试表单的数据环境中数据表为"选择题"表和"考试结果"表。控件主要属性设置如表5-20-1所示。

表5-20-1

控件名	属性	属性值	控件名	属性	属性值
Form1	Caption MaxButton ShowWindow	×××课程选择题考试 .F.-假 2-作为顶层表单	EDIT1	Controlsource Enabled	选择题.试题内容 .F.-假
			TEXT1	Controlsource visible	选择题.正确答案 .F.
			TEXT2	Controlsource Enabled	选择题.A .F.-假
Label1	Caption	×××课程选择题考试	TEXT3	Controlsource Enabled.	选择题.B F.-假
Label2	Caption	请单击下端的"前进"或后退选择试题	TEXT4	Controlsource Enabled	选择题.C .F.-假
Label3	Caption	试题编号	TEXT5	Controlsource Enabled	选择题.D .F.-假
LabeL3	Caption Height	现在剩余考试时间 50	Time1	Interval	60000
Check1	Caption	A	Command1	Caption	下一题
Check2	Caption	B	Command2	Caption	上一题
Check3	Caption	C	Command3	Caption	结束考试
Check4	Caption	D	Command4	Caption	退出

字体、字号、字色等由学生自己设计。

考试表单初始化代码如下：

```
THISFORM.LEFT=(_SCREEN.WIDTH-THISFORM.WIDTH)/2
&& 设置当前表单左边位置在整个屏幕的位置
THISFORM.TOP=100    && 设置当前表单顶部位置在整个屏幕顶部的位置
PUBLIC XZCHENGJI ,PDCHENGJI ,YKGST,SJ
&& 定义选择题成绩、判断题成绩和已考过的试题三个公有变量,SJ记录考试用时时间
XZCHENGJI=0     && 给成绩公用变量赋初值0
PDCHENGJI=0     && 给成绩公用变量赋初值0
YKGST=""     && 已考过的试题赋初值为空值
SJ=0     && 考试用时时间初值
THISFORM.LABEL5.CAPTION="现在剩余考试时间:"+CHR(10)+CHR(13)+;
STR(选择题.考试时间)+"分钟"
THISFORM.LABEL4.CAPTION =选择题.试题编号
```

"下一题"按钮 Click 代码如下：

```
IF EOF()= .T.        && 如果指针到了记录尾部
MESSAGEBOX("已经是最后一条记录了,单击"确定"将从第一条开始重新查询",;
48,"已经是记录尾部了!!!")
GOTO TOP        && 记录指针移到第一个记录上
ELSE
    SKIP        && 记录指针下移一个
ENDIF
THISFORM.label4.Caption =选择题.试题编号
THISFORM.REFRESH    && 刷新表单,显示新纪录
```

"上一题"按钮 Click 代码如下：

```
IF BOF()= .T.    && 如果指针到了记录顶部
MESSAGEBOX("已经是第一条记录了,单击"确定"将从最后一条开始重新查询",;
48,"已经是第一条记录了!!!")
GOTO BOTTOM        && 记录指针移到末记录上
ELSE
    SKIP-1            && 记录指针上移一个
ENDIF
THISFORM.label4.Caption =选择题.试题编号
THISFORM.REFRESH        && 刷新表单,显示新纪录
```

多项选择按钮 A——即 Check1 对象的单击事件 Click 代码如下：

```
THISFORM.CHECK2.Value=0   && 使其选择失效,保证只有一个答案被选中
THISFORM.CHECK3.Value=0   && 使其选择失效,保证只有一个答案被选中
THISFORM.CHECK4.Value=0   && 使其选择失效,保证只有一个答案被选中
```

IF THISFORM.CHECK1.Caption＝THISFORM.TEXT1.VALUE　　&& 如果选择的是正确答案

Xzchengji=xzchengji＋选择题.分值　&& 成绩加分

ELSE　　&& 否则选择是错误的

Xzchengji ＝Xzchengji＋0

ENDIF

其他多选按钮 B、C、D——即 Check2、Check3、Check4 的单击事件 Click 代码与选择按钮 A 相似。

注意:以上程序存在 Bug 问题,学生若反复单击了正确选项会不断加分,如何避免重复给成绩加分的程序学生可自己解决。

"结束考试"按钮单击事件 Click 代码如下:

IF YKGST＝"判断题已考过"

JIESU＝MESSAGEBOX("你真的要结束考试吗?",36,"结束考试")

&& 信息框等待考生确定

IF JIESU ＝ 6　　&& 如果单击"是"

　　INSERT INTO 考试结果(学号,姓名,性别,班级,判断题成绩,选择题成绩,总分,考试时间);

　　VALUES(XH,XM,XB,BJ,PDCHENGJI,XZCHENGJI,PDCHENGJI＋XZCHENGJI,DATETIME())

ENDIF

ELSE

JIESU＝MESSAGEBOX("你真的要结束选择题考试吗?",36,"结束选择题考试")

&& 信息框等待考生确定

IF JIESU ＝ 6　　&& 如果单击"是"

JS＝MESSAGEBOX("现在参加判断题考试吗?",36,"进行判断题考试")

&& 信息框等待考生确定

IF JS＝6

DO FORM 判断题考试

ELSE

　　　　MESSAGEBOX("由于你没参加判断题考试,判断题为 0 分",0,"未参加判断题考试")

INSERT INTO 考试结果(学号,姓名,性别,班级,判断题成绩,选择题成绩,总分,考试时间);

VALUES(XH,XM,XB,BJ,PDCHENGJI,XZCHENGJI,PDCHENGJI＋XZCHENGJI,DATETIME())

ENDIF

ENDIF

ENDIF

计时器"Timer1"的事件 Timer 代码如下:

SJ＝SJ＋1　&& 计时器 INTERVAL 为 1 分钟——60000(毫秒),计算考试后的时间加 1 分钟

T＝选择题.考试时间-SJ　&& 考试剩余时间减 1 分钟

THISFORM.LABEL5.CAPTION＝"现在剩余考试时间:"＋CHR(10)＋CHR(13)＋STR(T)＋"分钟"

&&CHR(10)＋CHR(13)作用是换行回车

IF T＜0　&& 如果考试时间用完

MESSAGEBOX("选择题考试时间到,现在结束选择题考试",0,"强制结束选择题考试")

THISFORM.CHECK1.ENABLED＝ .F.　&& 使其失效

```
THISFORM.CHECK2.ENABLED= .F.    && 使其失效
THISFORM.CHECK3.ENABLED= .F.    && 使其失效
THISFORM.CHECK4.ENABLED= .F.    && 使其失效
ENDIF
```

　　判断题考试表单的设计和编程与选择题考试表单设计相似,判断题考试结束后要有一个"YKGST="判断题已考过""命题,具体编程由学生自己完成。

项目二十一　打地鼠游戏

一、主要功能要求

(1)游戏开始直接进入游戏输入界面,但要有动画。

(2)玩家能输入昵称和投币额。

(3)玩家一旦确定游戏开始,应根据投币的多少确定游戏的次数或时间。

(4)地鼠出现的位置是随机的,地鼠出现的间隔时间就是难度控制点。

(5)能过玩家击中地鼠的次数和失误计算出胜率,并记录在玩家表。要有语音、文字和图片显示每次击打的情况。

(6)管理员登录按钮应隐含在某个特殊位置,双击后可进入,进入后可添加、修改和删除管理员表和玩家信息表。

(7)管理员能修改游戏参数表。

提示:地鼠洞至少四个,用随机函数 int(rand() * 4)产生地鼠出现的地洞,地鼠出现停留几秒秒时间,玩家鼠标打中地鼠,显示打中地鼠图片和提示语及奖励,未打中显示未打中图片和提示语。

对管理员表的修改、添加和删除,要求不可以删除第一条记录,即姓名为"ADMIN"、密码为"ADMIN"的管理员永远不可删除。

(8)玩家在选择游戏关卡时可随机跳出彩蛋副本,供玩家游戏或直接奖励。

二、数据库要求

数据库名由学生自行设计命名,但数据库表要求如下(字段类型和宽度由学生设计,可以扩展更改):

(1)管理员表字段包括姓名、密码。

记录要求:管理员第一条记录姓名为"ADMIN",密码为"ADMIN",其他管理员必须是本小组所有成员。

(2)玩家表名字段包括玩家昵称、游戏日期时间、胜率、奖品、奖金。

记录要求:自己设计,记录不少于 5 条。

(3)游戏参数表名字段包括第几关、游戏时间、金币数、地鼠出现速度、打中图、打中提示语、胜利奖品。

记录要求:自己设计图片,记录至少 2 条,如图 5-21-1 所示。

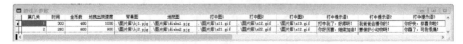

图 5-21-1

每一关游戏时间按秒计算,300 秒即 5 分钟,游戏时间越长,难度越小。地鼠出现的速度按毫秒计算,此数值越小,老鼠出现的速度越快。

输入图片文件名时要加上路径,本目录下的文件名路径为".\图片文件主名.扩展名",例如".\背景.JPG";如果是本目录下某个文件夹下的图片,那么图片文件名应为".\文件夹名\图片文件主名.扩展名",例如".\图片库\胜利1.GIF"。

三、硬件要求

首先要有耳机,要有 WAV 格式声音文件,要把声音文件(WAV 格式)和图片、照片存储到自己的项目文件夹下,文件名不能超过 10 个汉字。

四、其他要求

此题的设计者要会制作有关老鼠的图片,系统名称可以更具有时代特色,有创意,界面友好。

五、项目完成人数

该项目最多由 4 人完成。

六、设计思路与编程技巧提示

该设计项目难度大,需要认真分析功能需求和实现算法。

1. 总体表单设计

为了实现本软件的功能,表单至少要设计以下几个表单,如图 5-21-2 所示。

图 5-21-2

2. 登录表单设计

登录表单设计提示如图 5-21-3 所示。

图 5-21-3

登录表单的设计思路和算法和实验项目九相似,可仿照实验项目九完成,但必须有下面三行命令:

```
Public jb,GK
jb＝0
GK＝1
```

3. 游戏界面表单设计提示

游戏界面设计是重点也是难点。图 5-21-4 是第一关游戏设计参考图。

图 5-21-4

　　第一关游戏交互界面有 8 个鼠洞,每个鼠洞上放一个老鼠图片,但初始化这 8 张图片是隐藏的。第九张图片放在窗口中间,显示打中老鼠时的情况,最好是 GIF 格式的动画图片,初始化是隐藏的,打中老鼠的提示语用标签 Label3 呈现,初始化也是隐藏的。主要控件的属性提示如表 5-21-1 所示。

表 5-21-1

控件名	属性	属性值	控件名	属性	属性值
Form1	Caption MaxButton ShowWindow	游戏界面 .F.-假 2-作为顶层表单	Image4	Picture Visible	.\鼠1.JPG .F.-假
Label1	Caption	用于显示时间	Image5	Picture Visible	.\鼠1.JPG .F.-假
Label2	Caption	用于显示金币	Image6	Picture Visible	.\鼠1.JPG .F.-假
Label3	Caption	显示打中的提示语	Image7	Picture Visible	.\鼠1.JPG .F.-假
Image1	Picture visible	.\鼠1.JPG .F.-假	Image8	Picture Visible	.\鼠1.JPG .F.-假
Image2	Picture Visible	.\鼠1.JPG .F.-假	Image9	Picture Visible	.\sii.GIF .F.-假
Image3	Picture Visible	.\鼠1.JPG .F.-假	Command1	Caption	停止
Time1	Interval	1000	Command2	Caption	继续
Time2	Interval	1000	Command3	Caption	返回
Time3	Interval	0			

游戏主窗口的背景要正好完整地显示在窗口内。游戏界面的程序代码可参考以下提示。

游戏界面窗口初始化程序提示如下：

```
THISFORM.LEFT＝(_SCREEN.WIDTH-THISFORM.WIDTH)/2
THISFORM.TOP＝100


PUBLIC T,SD,T2
GOTO GK        && 记录指向用户选择的关卡
SD＝游戏关参数.地鼠出现速度    && 从游戏关参数表中获取游戏速度参数
T＝游戏关参数.时间            && 从游戏关参数表中获取游戏时间参数
THISFORM.PICTURE＝游戏关参数.背景图    && 更换游戏背景图
T2＝500&& 显示打中提示语的时间毫秒
THISFORM.TIMER2.INTERVAL＝SD    && 将游戏速度参数赋值给计时器 2
THISFORM.LABEL3.VISIBLE＝ .F.        && 隐藏提示语
THISFORM.IMAGE9.VISIBLE＝.F.    && 隐藏打中动画图片
THISFORM.IMAGE1.VISIBLE＝.F.    && 隐藏第一只老鼠图片
THISFORM.IMAGE2.VISIBLE＝.F.
THISFORM.IMAGE3.VISIBLE＝.F.
THISFORM.IMAGE4.VISIBLE＝.F.
THISFORM.IMAGE5.VISIBLE＝.F.
THISFORM.IMAGE6.VISIBLE＝.F.
THISFORM.IMAGE7.VISIBLE＝.F.
THISFORM.IMAGE8.VISIBLE＝.F.
```

游戏时间程序提示如下：打地鼠游戏应有两个计时器,一个用于计算打游戏时间和金币的增减。例如,计时器 Timer1 用于计算游戏时间和金币,判断成功与失败,Timer1 的 Timer 事件代码可以这样编写：

```
THISFORM.LABEL1.CAPTION＝"  "＋STR(T,3)＋"秒 "
T＝T－1
THISFORM.LABEL2.CAPTION＝"     "＋STR(JB,5)
IF T<0
THISFORM.TIMER2.ENABLED＝.F.
   JXM＝MESSAGEBOX("时间到！游戏结束！还继续玩吗?",4,"还玩吗?")
IF JXM＝6
      T＝60
ELSE
        THISFORM.RELEASE
      DO FORM 闯关失败
READ  EVENTS
        ENDIF
   ENDIF
```

```
IF JB>=游戏关参数.金币数
THISFORM.TIMER2.ENABLED=.F.
THISFORM.TIMER1.ENABLED=.F.
GMX=MESSAGEBOX("恭喜你通关!",0,"恭喜恭喜!!")
GK=GK+1
RELEASE THISFORM
   DO FORM 游戏成功
READ EVENTS
ENDIF
```

游戏老鼠出现的程序提示如下:计时器 Timer2 负责随机显示不同位置老鼠图片,并隐藏其他地方老鼠图片,用这个计时器的响应间隔时间 Interval 的数值控制显示老鼠图片的时间长短的参数,它是游戏难度的重要参数。Timer2 的 Timer 事件代码可以这样编写:

```
PUBLIC DISHU
DISHU=INT(RAND()*7)
THISFORM.IMAGE9.VISIBLE=.F.     && 隐藏打中动画
THISFORM.LABEL3.VISIBLE=.F.    && 隐藏打中提示语

IF DISHU=0     && 第1只老鼠 IMAGE1 显示
THISFORM.IMAGE1.VISIBLE=.T.    && 显示
THISFORM.IMAGE2.VISIBLE=.F.    && 隐藏
THISFORM.IMAGE3.VISIBLE=.F.    && 隐藏
THISFORM.IMAGE4.VISIBLE=.F.    && 隐藏
THISFORM.IMAGE5.VISIBLE=.F.    && 隐藏
THISFORM.IMAGE6.VISIBLE=.F.    && 隐藏
THISFORM.IMAGE7.VISIBLE=.F.    && 隐藏
THISFORM.IMAGE8.VISIBLE=.F.    && 隐藏
ENDIF
```

其他老鼠图片的显示与第一只老鼠出现的算法相似,不再赘述。

打中老鼠显示提示语和胜利图片的程序提示如下:计时器 Timer3 负责随机显示打中老鼠显示提示语和胜利图片。Timer3 的 Timer 事件代码可以这样编写:

```
XIANSHI=INT(RAND()*9)     && 随机产生9个数0和8
IF T2>0
THISFORM.IMAGE9.VISIBLE=.T.    && 显示打中动画图片
THISFORM.LABEL3.VISIBLE=.T.

IF XIANSHI=0
THISFORM.LABEL3.CAPTION=游戏关参数.打中提示语1    && 显示打中提示语
THISFORM.IMAGE9.PICTURE=游戏关参数.打中图1    && 更换打中动画
ENDIF
```

```
IF XIANSHI ＝1
THISFORM.LABEL3.CAPTION＝游戏关参数.打中提示语 1    && 显示打中提示语
THISFORM.IMAGE9.PICTURE＝游戏关参数.打中图 2    && 更换打中动画
ENDIF
＊其他随机数的程序与上面的程序相似,只是提示语和图片的不同组合而已
T2＝T2－500        && 显示提示语的时间－500
ELSE
THISFORM.TIMER3.INTERVAL＝0     && 计时器失效
THISFORM.IMAGE9.VISIBLE＝.F.    && 隐藏打中动画图片
THISFORM.LABEL3.VISIBLE＝ .T.
ENDIF
```

打地鼠动作程序提示如下:然后对每个老鼠图片都编写单击事件代码,主要功能是老鼠图片在显示时被击中,那么金币增加,播放击中声音,控制显示打中的提示语和图片的时间等。简单的代码参考下面语句:

```
JB＝JB＋20
THISFORM.LABEL2.CAPTION＝"金币＝"＋STR(JB,5)

SET BELL  TO    && 播音开始
SET BELL TO".\游戏声音.MP3",0     && 加载指定播放的声音在项目文件夹下
?? CHR(7)
SET BELL  TO     && 播音开始

T2＝500     && 显示提示语的时间为 500 毫秒
THISFORM.TIMER3.INTERVAL＝T2   && 计时器时间
THISFORM.TIMER3.ENABLED＝ .T.   && 显示提示语计时器有效
```

游戏"暂停"程序如下:

```
＊首先隐藏老鼠图片。
THISFORM.TIMER1.INTERVAL＝0
THISFORM.TIMER1.ENABLED＝ .F.
THISFORM.TIMER2.ENABLED＝ .F.
THISFORM.TIMER2.INTERVAL＝0

THISFORM.IMAGE1.VISIBLE＝.F.
THISFORM.IMAGE2.VISIBLE＝.F.
THISFORM.IMAGE3.VISIBLE＝.F.
THISFORM.IMAGE4.VISIBLE＝.F.
THISFORM.IMAGE5.VISIBLE＝.F.
THISFORM.IMAGE6.VISIBLE＝.F.
```

```
THISFORM.IMAGE7.VISIBLE＝.F.
THISFORM.IMAGE8.VISIBLE＝.F.
THISFORM.IMAGE9.VISIBLE＝.F.
THISFORM.LABEL3.VISIBLE＝.F.
```

游戏"继续"按钮程序提示如下：

```
THISFORM.TIMER2.INTERVAL＝1000
THISFORM.TIMER1.INTERVAL＝1000
THISFORM.TIMER1.ENABLED＝.T.
THISFORM.TIMER2.ENABLED＝.T.
```

4. 游戏彩蛋副本表单设计提示

游戏中加入彩蛋副本可以增加游戏的乐趣，丰富游戏的内容，为游戏带来新的附加值。本彩蛋的激活触动点设计在玩家选择关卡的界面中，但玩家第一次玩游戏时不可以激活彩蛋，每次胜利后选择关卡时可随机激活彩蛋，因此并不是每次选择关卡都会有幸遇到彩蛋。选择游戏关卡的表单设计如图 5－21－5 所示。

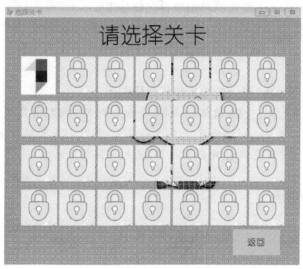

图 5－21－5

选择关卡表单放放置了 28 个图片控件 Image1－image28，第一关直接显示为关卡 1 的图标文件，但关卡只能在前一关胜利之后显示，因此选择关卡表单初始这状态关卡 1 后的关卡图标为一把锁，并且不可以和用户进行交互，即图片控件的 Enabled ＝ .F. 。

选择关卡表单初始化程序代码提示如下：

```
THISFORM.LEFT＝(_SCREEN.WIDTH－THISFORM.WIDTH)/2   && 窗口居中
THISFORM.TOP＝100

IF GK＝1 THEN   && 如果是关卡 1
THISFORM.Image1.PICTURE＝".\GK1.JPG"   && 显示关卡 1 的图标
ENDIF
```

```
IF GK＝2 THEN     && 如果是关卡 2
THISFORM.Image2.ENABLED ＝ .T.     && 关卡 2 图片允许想要用户事件
THISFORM.IMAGE1.PICTURE=".\GK1.JPG"     && 显示关卡 1 的图标
THISFORM.IMAGE2.PICTURE=".\GK2.JPG"     && 显示关卡 2 的图标
ENDIF


IF GK＝3 THEN     && 如果是关卡 3
THISFORM.IMAGE1.PICTURE=".\GK1.JPG"     && 显示关卡 1 的图标
THISFORM.IMAGE2.PICTURE=".\GK2.JPG"     && 显示关卡 2 的图标
THISFORM.IMAGE3.ENABLED ＝ .T.     && 关卡 3 图片允许想要用户事件
THISFORM.IMAGE3.PICTURE=".\GK3.JPG"     && 显示关卡 3 的图标
ENDIF
```

其他关卡图片初始化的代码依次类推。

关卡图片充当了选择关卡按钮的作用,单击关卡按钮的程序代码提示如下。

单击第 1 关图片 Image1 按钮的单击事件代码如下:

```
DO FORM 游戏界面
READ EVENTS
RELEASE THISFORM
```

单击第 2 关图片 Image2 按钮的单击事件代码如下:

```
CD＝INT(RAND() * 27)     && 随机产生 28 个数 0 到 27,确定第几个出现彩蛋
IF GK＝2 .AND. CD＝2     && 如果关卡为第 2 关,并且彩蛋随机数也是 2
DO FORM 彩蛋     && 那么打开彩蛋表单,进入彩蛋副本游戏
READ EVENTS
   RELEASE THISFORM
ENDIF
IF GK＝2 THEN                && 如果关卡为第 2 关
DO FORM 游戏界面     && 打开游戏界面
READ EVENTS
   RELEASE THISFORM
ENDIF
```

第 3 关到第 28 关图片按钮的单击事件代码和第 2 关图片按钮的单击事件代码相似,仅仅只需要将 IF GK＝2 .AND. CD＝2   命令修改为响应的关数编号即可,在此不再赘述。

打地鼠游戏的其他表单设计难度一般,可参考本书前面的例子完成。

项目二十二 神童小学数学测试系统

一、主要功能要求

(1)游戏开始直接进入游戏输入界面,玩家可以输入姓名、性别、年龄。要有动画。

(2)一旦开始测试,系统能够自动随机 rand()出小学数学题,试题分为加法和减法,难度分为 10 位 int(rand() * 10)加减法和百位 int(rand() * 100)加减法。

(3)能够自动判断做题的正误,并计算正确率,即时出现文字、语音奖励或评价。

(4)管理员能浏览每个表的信息。管理员能添加、修改和删除管理员表、神童表和奖励表记录。

(5)对管理员表的修改、添加和删除,要求不可以删除第一条记录,即姓名为"SYSTEM"、密码为"ADMIN"的管理员永远不可删除。

二、数据库要求

数据库名由学生自己设计命名,但数据库表要求如下(字段类型和宽度由学生设计,可以扩展更改):

(1)管理员表字段包括姓名、密码。

记录要求:管理员第一条记录姓名为"SYSTEM",密码为"ADMIN",其他管理员必须是本小组所有成员。

(2)神童表字段包括姓名、性别、年龄、测试成绩、测试日期、加法得分、减法得分、总分,奖励物品、照片(字符型,宽度 50)。

记录要求:学生表前边的记录必须是本小组所有成员,表总记录不少于 10 条。

(3)奖励表字段包括等级、评价文字、评价语音(字符型,宽度 50)、奖励物品(字符型,宽度 50)。

三、硬件要求

首先要有耳机,要有 WAV 格式声音文件,要把声音文件(WAV 格式)和图片、照片存储到自己的项目文件夹下,文件名不能超过 10 个汉字。

四、其他要求

系统名称可以更具有时代特色,有创意,界面友好,易于操作(界面不能和实验指导书例子一样,应有自己设计特色)。

五、项目完成人数

该项目最多由 4 人完成。

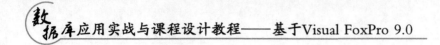

六、设计思路与编程技巧提示

该设计项目难度大,需要认真分析研究,但可参考实验项目九和前面的课程设计完成。

项目二十三 语音多功能时钟

一、主要功能要求

（1）一开始开始直接进入时钟界面，最好有动画。

（2）管理员登录按钮应隐含在某个特殊位置，双击后可进入，进入后可修改时钟语音表和表盘形状表。

（3）能够自动播报整点时钟，即时出现文字和语音。

（4）对管理员表的修改、添加和删除，要求不可以删除第一条记录，即姓名为"SYSTEM"、密码为"ADMIN"的管理员永远不可删除。

二、数据库要求

数据库名由学生自行设计命名，但数据库表要求如下（字段类型和宽度学生设计，可以扩展更改）：

（1）管理员表字段包括姓名、密码。

记录要求：管理员姓名为"SYSTEM"，密码为"ADMIN"。

（2）闹钟表字段包括闹钟时刻、闹钟提示语、闹钟语音（字符型，宽度20）。

记录要求：闹钟语音文件WAV格式，至少10条。闹钟语音文件存放在当前目录下，记录中闹钟语音文件名书写为"./语音文件.wav"，如"./1.wav或./公鸡的叫声.wav"。

（3）时分表字段包括小时、分。记录60条。

（4）整点表字段包括整点时刻、整点提示语、整点语音（字符型，宽度20）。

记录要求：按24小时计时，记录24条。整点语音文件要求和闹钟语音文件一样。

三、硬件要求

首先要有耳机，要有WAV格式声音文件，要把声音文件（WAV格式）和图片、照片存储到自己的项目文件夹下，文件名不能超过10个汉字。

四、其他要求

系统名称可以更具有时代特色，有创意，界面友好，易于操作。表单不止两个，现提供参考图如图5-23-1所示，左图是主窗口，右图是设置添加闹钟的界面，铃声来自闹钟表中。具体设计由学生自己细化。

五、项目完成人数

该项目最多由3人完成。

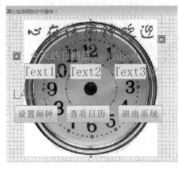 

图 5-23-1

六、设计思路与编程技巧提示

该设计项目难度一般,可参照前面的实验完成。要注意对时间和日前函数数值的转换,以便于在文本框或标签内显示。

1. 主窗口显示时间和报时设计

用两个计时器,一个用于动画显示字幕,一个用于判断是否到了整点报时或到了用户设置的闹钟时刻,下面是十二点闹钟报时的代码。

```
thisform.text1.value=substr(time(),1,2)   && 显示时
thisform.text2.value=substr(time(),4,2)   && 显示分
thisform.text3.value=substr(time(),7,2)   && 显示秒
IF THISFORM.text1.Value="12".and.thisform.text2.Value="00";
.and.thisform.text3.Value="00"   && 如果到了12点整报时
GOTO 12      && 指针指向12点记录
SET BELL TO 整点表.整点语音,0      && 播放
thisform.label7.Caption=整点表.整点提示语   &&label7 标签赋值整点提示语
thisform.label7.Visible=.T.   &&label7 显示整点提示语
WAIT  "" WINDOW AT 1,1 TIMEOUT 10   && 等待10秒
thisform.label7.Visible=.f.   &&label7 隐藏
ENDIF
IF LOCATE  FOR 闹钟表.闹钟时刻=substr(time(),1,2)+substr(time(),4,2)
&& 如果当前时刻与用户设置的闹钟时刻一致
SET BELL TO 闹钟表.整点语音,0      && 播放闹钟表整点语音
thisform.label7.Caption=闹钟表.整点提示语音   &&label7 标签赋值提示语
thisform.label7.Visible=.T.   &&label7 显示整点提示语
WAIT  "" WINDOW AT 1,1 TIMEOUT 10   && 等待10秒
thisform.label7.Visible=.f.   &&label7 隐藏
ENDIF
```

2. 用户添加闹钟的设计

用户添加闹钟实际上就是给闹钟数据表中添加记录而已。参考代码如下:

```
IF LEN(ALLTRIM(thisform.text1.Value))＝0   && 如果没输入时值
MESSAGEBOX("您还没有选择小时!",0,"输入出错提示!")     && 警告
ENDIF
IF LEN(ALLTRIM(thisform.text3.Value))＝0    && 如果没输入分值
MESSAGEBOX("您还没有选择分钟!",0,"输入出错提示!")     && 警告
ENDIF

IF LEN(ALLTRIM(thisform.text2.Value))＝0   && 如果没输入闹钟提示语
MESSAGEBOX("您还没有输入事件!",0,"输入出错提示!")     && 警告
ELSE
nzsk＝thisform.text1.value＋":"＋thisform.text3.value   && 闹钟时刻
nztsy＝thisform.text2.Value   && 闹钟提示语
nzls＝thisform.text4.Value    && 闹钟铃声
    INSERT INTO 闹钟表(闹钟时刻,闹钟提示语,闹钟语音)    values(nzsk,nztsy,nzls)
MESSAGEBOX("您确定添加此闹钟吗?",0,"确定提示!")
ENDIF
```

项目二十四　模拟一个简单智能助手

一、主要功能要求

（1）人工智能功能方向由学生自己设定，可以是情感型、生活型、某个产品助手、售后服务型、政务型、学生管理型、综合型。

（2）一开始直接进入时最好有动画。

（3）由于无语音识别系统，故用户只能用文字提问，一旦回车或单击"确定"即出现文字和语音回答，有时答案应该在3个中随机抽取一个（提示：用随机函数 int((rand() * 30)/10)）。

（4）添加一个"设置"按钮，功能主要是模拟人工智能学习功能——添加问题和答案。

（5）对管理员表的修改、添加和删除，要求不可以删除第一条记录，即姓名为"SYSTEM"、密码为"ADMIN"的管理员永远不可删除。

二、数据库要求

数据库名由学生自己设计命名，但数据库表要求如下（可以扩展更改）：

（1）管理员表字段包括姓名、密码。

记录要求：默认管理员姓名为"SYSTEM"，密码为"ADMIN"。

添加管理员：姓名为本小组成员名，密码为学生的学号。

（2）问答表字段及要求如表5-24-1所示。

表5-24-1

字段名	用户问题	答案1	答案2	答案3	语音声音1	语音声音2	语音声音3
类型	字符型	字符型	字符型	字符型	字符型	字符型	字符型
宽度	30	30	30	30	20	20	20

记录要求：问题不少于100条，答案自定义。

三、硬件要求

首先要有耳机，要有 WAV 格式声音文件，要把声音文件（WAV 格式）和图片、照片存储到自己的项目文件夹下，文件名不能超过10个汉字。

四、其他要求

系统名称可以更具有时代特色，有创意，界面友好，易于操作。

五、项目完成人数

该项目最多由4人完成。

六、设计思路与编程技巧提示

该项目难度较大,基本思路和中英文翻译项目一样,但难度增大,表现在以下几个方面。

(1)为了模拟智能机器人,对问题的回答用语不是固定的,尤其是情感类对话,用户问题和机器人的回答是丰富变化的,所以数据表记录的设计显得非常重要,是否真的智能在很大程度上取决于数据表中的数据。

(2)为了模拟智能机器人,对用户问题的字符分析极其重要,这一点可能超出了学生所学的知识,可以采用模糊比较的方法解决。

(3)机器人的回答采用随机抽取答案的方法解决。

(4)窗口界面与智能行业类有关,主要控件应有文本框(用于用户输入问题)、标签(用于显示答案)、命令按钮(用于用户确定)、计时器(用于动画)。

"确定"按钮的单击事件编程参考代码如下:

IF LEN(ALLTRIM(thisform.text1.Value))＝0　&& 如果没输入要咨询的问题

SET BELL ON

SET BELL TO "出错语音.wav",0　&& 提前录制好这个语音文件,播放告诉用户出错

&& 也可以用信息框 MESSAGEBOX()警告出错,方法很多

THISFORM.LABEL2.CAPTION ＝"对不起,您还没有提问呢!"　&& 假如用标签 2 显示

?? chr(7)

SET BELL TO　　&& 播音开始

ELSE

LOCATE　FOR 用户问题＝＝ALLTRIM(thisform.text1.Value)

IF　EOF()　&& 如果到了记录尾部,说明没有这个预设的问题

SET BELL TO "对不起我还小不会回答呢.wav",0　&& 提前录制好这段声音文件才可以

THISFORM.LABEL2.CAPTION ＝"对不起,我还小,不会回答呢!"　　&& 文字可变化

ELSE

Dan＝int((rand() * 30)/10))　&& 随机产生 0—2 三个整数

DO CASE　　&&DO CASE 多分支判断

CASE Dan＝0　&& 如果随机产生是 0

SET BELL TO 语音声音 1,0　&& 播放语音声音 1 的语音

THISFORM.LABEL2.CAPTION ＝答案 1　　&& 显示数据表答案 1 文字

CASE Dan＝1　&& 如果随机产生是 0

SET BELL TO 语音声音 2,0　&& 播放语音声音 2 的语音

THISFORM.LABEL2.CAPTION ＝答案 2　　&& 显示数据表答案 2 文字

CASE Dan＝2　&& 如果随机产生是 0

SET BELL TO 语音声音 3,0　&& 播放语音声音 3 的语音

THISFORM.LABEL2.CAPTION ＝答案 3　　&& 显示数据表答案 3 文字

ENDCASE　　&& 结束 CASE 判断

ENDIF　&& 结束 IF 判断

项目二十五　模拟电脑桌面设计

一、主要功能要求

(1)一开始直接进入最好有动画。

(2)窗口模拟成一台电脑的样子,桌面图标不少于 15 个。

(3)要有默认的主题风格。用户能更改电脑桌面主题。

(4)用户可以单个更改背景、字体、字色等。

(5)对管理员表的修改、添加和删除,要求不可以删除第一条记录,即姓名为"SYSTEM"、密码为"ADMIN"的管理员永远不可删除。

二、数据库要求

数据库名由学生自行设计命名,但数据库表要求如下(学生可以扩展更改)。

(1)管理员表字段包括姓名、密码。

记录要求:默认管理员姓名为"SYSTEM",密码为"ADMIN"。

添加管理员:姓名为本小组成员名,密码为学生的学号。

(2)桌面主题表字段及要求如表 5 - 25 - 1 所示。

记录要求:设计三套电脑桌面主题,内容自定义。

表 5 - 25 - 1

字段名	风格名	桌面背景	字体	字色	字号	我的电脑图标	网上邻居图标	浏览器图标
类型	字符型	字符型	字符型	数值型	数值型	字符型	字符型	字符型
宽度	8	30	6	20	2	30	30	30

三、图标要求

(1)首先小组成员能制作图形图片,要把图片图标文件存储到自己的项目文件夹下,文件名意义明确,不能超过 6 个汉字。参见课程设计项目"手机个性桌面主题"。

(2)系统名称可以更具有时代特色,有创意,界面友好,易于操作。

四、项目完成人数

该项目最多由 4 人完成。

五、设计思路与编程技巧提示

该项目难度不大,基本思路和课程设计项目"手机个性桌面主题"一样,只是窗口界面要符合电脑特点而已。

项目二十六　自定义选题

学生可自己设定项目,但人数一般为1人。

第六部分　Visual FoxPro 有关技巧

一、定义公有(全局)变量命令

格式：public　＜变量名表＞

功能：定义一个或多个共有(全局)内存变量。若要定义多个变量,那么变量名之间必须用英文逗号分隔。公有(全局)变量命令默认初值为逻辑假值.F.,故还需要给其赋值后使用。

二、图片控件的操作

建议学生在数据库中使用字符型字段存放图片文件路径,用图片控件显示图片,这样添加、更改、删除数据库中的图片很方便。

为了方便显示图片在 VFP 数据表中照片、声音的字段,一般不要设置为通用性,而是设置为字符型,用于保存图片和声音文件的路径和文件名。

1.图片控件显示表中照片字段 BMP 文件

Skip　　&& 指针下移

thisform.image1.picture＝学生表.照片

thisform.refresh　　&& 刷新表单

2.图片控件显示图像文件

thisform.image1.picture＝"正新 24 位.bmp"

thisform.image1.picture＝"正新 24 位 jpg"

3.图片控件显示当前目录下 tupian 文件夹下的图像文件

例如,当前目录下有一个名为 tupian 的目录,它的下面有一个 1.jpg 图片文件,VFP 的显示方法为：

thisform.image1.picture＝".\tupian\1.jpg"

4.添加或修改图片的命令

ZPWJ＝GETFILE('JPG,BMP,GIF ','请选择照片文件')

Wenjianming＝ JUSTFNAME (ZPWJ)

照片＝ ZPWJ

照片＝ Wenjianming

三、VFP 中有关声音音乐的操作

VFP 音乐功能比较弱,播放声音和音乐的方法有多种,简单方法如下。

1. 简单的播放声音程序

使用 VFP 自身的命令"set bell on"可以直接播放声音,此方法主要适用于给按钮加上声音效果,比如有一个"开始"按钮,要在按下它时能发声,可在其 Click 事件中加入如下代码:

```
set bell on   && 允许播放声音,注意音乐文件仅支持 wav 和 mid 格式文件"
wav_name="好人一生平安.wav"    && 音乐文件仅支持 wav 和 mid 格式文件"
set bell to wav_name,0
?? chr(7)
set   bell   to
```

2. 停止播放声音的代码

停止播放声音的代码如上,只是播放的声音文件极短即可。

3. 添加或修改声音文件的命令

```
yinyue= GETFILE('WAV , mid ',  '请选择音乐文件')   && 获取铃声文件名及其路径
Wenjianming = JUSTFNAME( yinyue)      && 只获取铃声文件名
铃声 = yinyue
音乐 = Wenjianming
```

例如,选择声音文件程序为:

```
wjm=JUSTFNAME(GETFILE('wav;mid ','请选择铃声文件名'))
联系人.铃声=wjm   && wjm.wav 为要播放的声音文件
?? chr(7)  && 电子声鸣叫
```

播放音乐程序为:

```
set bell on      && 允许播音
set bell to 联系人.铃声,0  && 加载播音文件
?? chr(7)      && 播音
set   bell   to && 播音开始
```

停止播放音乐程序为:

```
set BELL on
set bell TO "滴.wav",0   && 利用极短的声音文件播放达到停止播放的目的
?? chr(7)
```

四、表单中删除记录的数据环境设置技巧

要删除表中的记录必须以独占方式打开表文件,命令是:

```
USE <表文件名>   EXCLUSIVE
```

在表单设计中,以独占方式打开表的方法还可以通过对象属性的修改来实现。方法是:建立表单后,首先在 Form1 表单上单击右键,选择"数据环境…",选择数据库表"成绩库"→"添加"。由于本表单要删除记录,因此必须以独占方式打开表,为此可在"数据环境设计器"窗口上单击右键,选择"属性",在属性窗口将"EXCLUSIVE"的值设置为".T. －真",立即存盘。然后关闭数据环境设置器窗口。

五、信息框函数使用技巧

语法:MESSAGEBOX("提示信息",数字,"信息框标题")。

功能:messagebox( )函数显示一个用户自定义对话框。

例如:

messagebox("单击"确定"返回",48,"显示完毕")   && 用信息框显示已查到

messagebox("是否真的要退出系统?",2+32+256,"退出")

messagebox("你选择的照片文件不是 BMP 格式",16,'请重新选择照片')

数值及其含义如附表 1 所示。

附表 1

messagebox( ) 函数 nDialogBoxType(对话框的属性)·参数		
设置按钮属性	设置图标	设置隐含按钮 (默认按钮)
0:【确定】	16:"停止"图标	0： 第一个按钮
1:【确定】【取消】	32:问号	256:第二个按钮
2:【放弃】【重试】【忽略】	48:惊叹号	512:第三个按钮
3:【是】【否】【取消】	64:信息(i)图标	
4:【是】【否】		
5:【重试】【取消】		

返回值的含义如附表 2 所示。

附表 2

回值	按钮	回值	按钮
1	确定	5	忽略
2	取消	6	是
3	放弃	7	否
4	重试		

六、随机函数使用技巧

随机函数 rand()可随机产生一个 0.00 到 1 之间的数,随机产生的数保留两位小数点,这个随机数包括 0.00,但不包括 1。用 int(rand() * X)可得到大于 0 或小于 0 的整数,注:X 是一个整数(也可以是负数),取整后可以产生一个 0 到 X 之间的整数。例如:int(rand() * 10)可随机产生 0 到 9 的 10 个正数;int(rand() * −100)可随机产生 0 到−99 的 100 个负数。

参考文献

［1］卢湘鸿.Visual FoxPro 6.0 数据库与程序设计［M］.3.版.北京:电子工业出版,2018.

［2］高金敏力,刘多林,田兆福.数据库原理与应用教程:Visual FoxPro 9.0［M］.2 版.沈阳:东北大学出版社,2009.

［3］麦中凡,苗明川,何玉洁.计算机软件技术基础［M］.4 版.北京:高等教育出版社,2015.

［4］王栋.Visual Basic 程序设计实用教程［M］.4 版.北京:清华大学出版社,2013.

［5］李用江,Visual C♯ NET 与网络数据库编程［M］.西安:西安交通大学出版社,2007.

［6］Excel Home,别怕,Excel VBA 其实很简单［M］.北京:人民邮电出版社,2012.

后　记

　　本人从事数据库及其应用教学已经有二十多年了,每年都在修改自己编写的数据库应用实验指导书,但都因为各种原因未能正式出版,今年在陕西理工大学经济管理与法学学院领导和老师的关心和支持下正式出版了。本次出版的《数据库应用实战与课程设计教程——基于Visual FoxPro 9.0》是对我们历年编写的非正式出版的数据库应用实验指导书和课程设计教程的整理、修改和扩充,使其更为系统全面,也更加准确具体,可以说是我们多年实践经验的结晶。

　　本书受到了陕西理工大学创建一流学科建设经费的资助出版,对于学校对我们工作的认可和资助,在此我们深表感谢。陕西理工大学经济管理与法学学院张震副教授和于君刚副教授常年从事实验和实训教学,具有很强的科研能力,分别参与了本书"实验项目一""实验项目二"和"实验项目三"等章节的编写,对出版本教材也给予了极大的帮助和支持。

　　本书在书稿形成后,陕西理工大学经济管理与法学学院国际贸易专业 19 级的赵艺璞、魏龙等学生再次对实验项目进行了操作验证,并参与了文字校对,对他们的辛苦劳动和无私奉献在此表示感谢。

　　出版教材是一件十分严肃、严谨的工作,尽管我们做出了极大的努力,但因为编者知识和能力有限,本书难免有不足之处,恳请广大读者批评指正,我们一定会在今后的实际教学中和后期的再版中加以修正,使本书更加完善。

张正新

二〇二一年八月二日于陕西理工大学